革命

泛

陈根 · 著

智

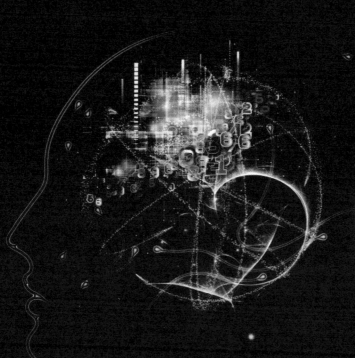

命

能

从人工智能到元宇宙的
关键革新

電子工業出版社.
Publishing House of Electronics Industry
北京 · BEIJING

内 容 简 介

本书以人工智能商业落地、元宇宙的发展、产业治理为背景，通过八章内容系统介绍了人工智能发展的关键技术、应用领域和产业格局；翔实阐述了人工智能的发展过程，构建人工智能技术地图；根据人工智能实际应用现状，对元宇宙进行了介绍，客观反映人工智能领域当前的发展水平；对人工智能的发展趋势、风险与挑战进行展望；对全球人工智能产业链及主要国家对人工智能的布局进行描绘，展现了人工智能对人类既定生活方式及认知的改变。

本书适合从事人工智能及相关工作的企业管理者、专家、创业者及高等院校相关专业的师生阅读，亦适合对人工智能及其相关技术、产品及商业应用感兴趣，想全面了解人工智能的读者阅读。

图书在版编目（CIP）数据

泛智能革命：从人工智能到元宇宙的关键革新 / 陈根著. —北京：电子工业出版社，2022.6
ISBN 978-7-121-43477-8

Ⅰ. ①泛⋯　Ⅱ. ①陈⋯　Ⅲ. ①人工智能－研究②信息经济－研究
Ⅳ. ①TP18②F49

中国版本图书馆 CIP 数据核字（2022）第 084626 号

责任编辑：秦　聪
印　　刷：天津千鹤文化传播有限公司
装　　订：天津千鹤文化传播有限公司
出版发行：电子工业出版社
　　　　　北京市海淀区万寿路 173 信箱　　邮编：100036
开　　本：720×1 000　1/16　印张：15.25　字数：268.4 千字
版　　次：2022 年 6 月第 1 版
印　　次：2022 年 6 月第 1 次印刷
定　　价：89.00 元

凡所购买电子工业出版社图书有缺损问题，请向购买书店调换。若书店售缺，请与本社发行部联系，联系及邮购电话：（010）88254888，88258888。
质量投诉请发邮件至 zlts@phei.com.cn，盗版侵权举报请发邮件至 dbqq@phei.com.cn。
本书咨询联系方式：（010）88254568，qincong@phei.com.cn。

前 言

　　全球新一轮科技革命和产业变革孕育兴起，带动了数字技术加速演进，引领了数字经济蓬勃发展，对各国科技、经济、社会等产生深远影响。其中，人工智能作为引领未来的前沿性、战略性技术，正在全面重塑传统行业发展模式、重构全球创新版图和经济结构。这也是自 AlphaGo 人机大战重新掀起人工智能热潮以来，经历了炒作与狂热、泡沫褪去的艰难后，人工智能再次获得的成功——人工智能行业关注的重心开始向"商业落地"转变。

　　事实上，许多人工智能应用的能力已经超越人类，如下围棋、玩德州扑克、证明数学定理；又如学习从海量数据中自动构建知识，识别语音、面孔、指纹，驾驶汽车，处理海量文件，物流和制造业的自动化操作；再如机器人可以识别和模拟人类情绪，充当陪伴员和护理员。

　　过去几年中，人工智能开始写新闻，经过海量数据训练学会了识别猫，IBM 超级计算机"沃森"战胜了人类智力竞赛的两任冠军，波士顿动力机器人 Atlas 学会了三级跳远。

　　当前，人工智能与产业的结合更是前所未有的紧密。人工智能在医疗、城市治理、工业、非接触服务等领域快速响应，从"云端"落地，在抗击新冠肺炎疫情之中出演关键角色：智能机器人充当医护小助手，智能测温系统精准识别发热者，无人机代替民警巡查喊话，人工智能辅助 CT 影像诊断……人工智能作为新一轮科技革命和产业变革的重要驱动力量，验证了对社会的真正价值。人工智能的应用也因此遍地开花，进入人类生活的各个领域，成为"泛智能"。

在人工智能商业加速落地的同时，美国、中国、英国、欧盟、日本等纷纷从战略上布局人工智能，加强顶层设计，成立专门机构统筹推进人工智能战略的实施。北美、东亚、西欧地区成为研究人工智能最活跃的地区。美国的人工智能发展以军事应用为先导，带动科技产业发展，以市场和需求为导向，注重通过高技术创新引领经济发展，同时注重产品标准的制定。欧洲的人工智能发展则注重科技研发创新环境，以及伦理和法律方面的规则制定。亚洲的人工智能发展则以行业应用为需求，注重产业规模和局部关键技术的研发。

本书以人工智能商业落地、元宇宙的发展、产业治理为背景，文字表达通俗易懂、易于理解、富于趣味，内容上深入浅出、循序渐进，系统介绍了人工智能发展的关键技术、应用领域和产业格局；翔实阐述了人工智能的发展过程，构建人工智能技术地图，力求概念正确，让读者得以把握人工智能发展之基础，建立对人工智能技术的认识；根据人工智能实际应用现状，尽可能表述国际和国内最新的人工智能应用成果，对应用存在的障碍进行分析，客观反映人工智能领域当前的发展水平；对人工智能未来的应用、发展和竞争进行展望，人工智能改变了人类对既定生活方式的认知，冲击着国际竞争格局和态势，全球人工智能领域的竞争白热化已经开始。

人工智能不仅是当今时代的科技标签，还是元宇宙的基础载体，它所引导的科技变革更是在雕刻着这个时代。想要把握这个时代，首先应该认识这个时代。

陈　根

2022 年 5 月

目 录

第一章

人工智能
际会风云

第一节 人工智能"三起两落" /002

一、从想象走进现实 /003

二、"一起一落"和"再起又落" /005

三、人工智能时代兴起 /007

第二节 人工智能需求勃兴 /009

一、C 端用户需求 /009

二、B 端企业需求 /010

三、G 端政府需求 /011

第三节 人工智能驱动新一轮科技革命 /012

一、释放数据生产力 /013

二、雕刻科技新时代 /014

第二章

人工智能
技术地图

第一节 机器学习 /017

一、机器学习是对人类学习的模仿 /017

二、机器学习走向深度学习 /019

三、从发展到应用 /022

第二节 计算机视觉 /024

一、人工智能的双眼 /024

二、计算机视觉的发展脉络 /025

三、计算机视觉的广泛应用 /026

第三节 自然语言处理 /030

一、处理语言的机器 /030

二、从诞生到繁荣 /031

第四节 专家系统和知识工程 /034

一、从专家系统到知识工程 /034

二、搭建一个专家系统 /035

三、专家系统的发展和应用 /037

第五节 机器人的问世与流行 /039

一、什么是机器人 /039

二、从孕育到发展 /040

第三章

人工智能走向泛在应用

第一节 人工智能与医疗 /045

一、人工智能制药尚未成熟 /045

二、用人工智能求解心理健康 /048

三、人工智能落地影像识别 /053

第二节 人工智能与金融 /056

一、智能金融颠覆金融生产 /056

二、风险与挑战并存 /058

第三节 人工智能与制造 /061

一、"人工智能+制造"困境犹存 /062

二、从"机器换人"到"人机协同" /064

第四节 人工智能与零售 /065

一、零售进化史 /066

二、新零售是一次服务的革命 /067

三、人工智能助力新零售 /069

第五节 人工智能与农业 /071

一、从粗放到精准的农业 /071

二、打造农业信息综合服务平台 /073

第六节 人工智能与城市 /074

一、智慧城市不是简单的智能城市 /075

二、人工智能建设未来城市 /075

三、在智慧城市形成前 /077

第七节 人工智能与政务 /078

一、在数字时代建立数字政务 /079

二、人工智能赋能数字政务 /080

第八节 人工智能与司法 /081

一、人工智能回应司法需求 /082

二、从技术支持到技术颠覆 /083

第九节 人工智能与交通 /085

一、无人驾驶走向落地 /085

二、无人驾驶的现况与未来 /086

三、道路被重新定义 /089

第十节 人工智能与服务 /091

一、从替代、辅助到创新 /091

二、大有可为的未来 /093

第十一节 人工智能与教育 /095

一、人工智能融合教育 /095

二、教育受技术驱动，但不是技术本身 /097

第十二节 人工智能与创作 /098

一、人工智能重构创作法则 /099

二、人工智能挑战人类创造力 /100

第四章

人工智能连接元宇宙

第一节 什么是元宇宙 /104

一、关于宇宙的宇宙 /104

二、互联网的终极形态 /105

第二节 元宇宙需要人工智能 /107

一、人工智能三要素 /108

二、数据：元宇宙发展的强大动能 /110

三、算法：元宇宙的方法论 /112

四、算力：元宇宙的基础设施 /113

第三节 成就元宇宙的"大脑" /115

一、连接虚拟和现实 /116

二、元宇宙的管理者 /117

三、满足扩张的内容需求 /118

第五章

**人工智能的
趋势与未来**

- 第一节　人工智能迎来算力时代　/121
- 第二节　社会生活走向"泛在智能"　/123
- 第三节　互联网与人工智能的融合演进　/125
- 第四节　打造经济发展新引擎　/127
- 第五节　人工智能正在理解人类　/129

第六章

**人工智能的
风险与挑战**

- 第一节　算法黑箱与数据正义　/134
  - 一、大数据并非中立　/134
  - 二、价格歧视和算法偏见　/136
  - 三、"数字人"的数据规制　/138
- 第二节　人工智能安全对抗赛　/139
  - 一、人工智能攻击是如何实施的　/140
  - 二、基于深度学习的网络恶意软件　/142
  - 三、数据投毒　/143
  - 四、人工智能时代的攻与防　/144
- 第三节　人工智能走进"伦理真空"　/145
  - 一、为智能立心　/145
  - 二、治理衍生问题　/146
- 第四节　当我们谈论人脸识别时　/148
  - 一、人脸识别下的隐私代价　/148
  - 二、从"匿名"走向"显名"　/149
- 第五节　与机器人"比邻而居"　/151
  - 一、人与机器人如何相处　/152
  - 二、机器人的设计准则　/153
- 第六节　当伪造向深度发展　/154
  - 一、从深度合成到深度伪造　/155
  - 二、消解真实，崩坏信任　/156
  - 三、关于真实的博弈　/158
- 第七节　人工智能面临的最大挑战是不是
  技术　/159
  - 一、机器时代的理性困境　/160
  - 二、专注力稀缺的时代　/162

三、比"强人工智能"更可怕的，是无爱的
世界 /163
第八节 人工智能时代的人类认知 /164
一、思想的质问 /165
二、技术的物化 /167

第七章
进击的产业

第一节 人工智能产业链 /171
一、基础层：提供算力 /171
二、技术层：连接具体应用场景 /175
三、应用层：解决实际问题 /177
第二节 人工智能产业转型产业人工智能 /182
一、人工智能降温的背后 /182
二、直面转型困境 /184
第三节 全球商业巨头的入局与布局 /187
一、微软：人工智能从对话开始 /187
二、谷歌：当之无愧的人工智能巨头 /189
三、百度：走向人工智能产业化 /190
四、商汤科技：构建"城市视觉中枢" /193
五、科大讯飞：人工智能布局安防 /194

第八章
竞合与治理

第一节 人工智能全球布局 /197
一、美国：确保全球人工智能领先
地位 /198
二、中国：从国家战略到纳入新基建 /202
三、欧盟：确保欧洲人工智能的全球竞
争力 /207
四、英国：建设世界级人工智能创新
中心 /208
五、日本：以人工智能构建"超智能
社会" /210
六、德国：打造"人工智能德国" /211

- 第二节 抢占人工智能高地 /212
- 第三节 人工智能时代，技术不中立 /215
    - 一、有目的的技术 /215
    - 二、不中立的技术 /217
    - 三、人工智能向善 /219
- 第四节 多元主体参与，全球协同共治 /221
    - 一、从国际组织到行业引导 /222
    - 二、国际合作助力人工智能行稳致远 /225

后记 坚持共同安全，促进共同发展 /229

参考文献 /232

第一章

人工智能际会风云

第一节　人工智能"三起两落"

或许你已经感受到了，人工智能这个概念被越来越频繁地提及。人工智能从一个过去仅限于专业实验室的学术名词转变为互联网时代的科技热点。

但或许你还没有注意到，人工智能带来的变化已经在我们身边悄然出现。你打开的新闻是人工智能做的算法推荐；网上购物时，首页显示的是人工智能推荐的你最有可能感兴趣、最有可能购买的商品。人工智能为人们提供着前所未有的便利，而这些细节变化背后的技术进步，一点都不比机器能在棋盘上战胜人类冠军来得更小。

然而，作为计算机科学的一个分支，人工智能的诞生不过短短 70 年历史，这 70 年伴随了几代人的成长，人工智能也在这 70 年经历了跌宕和学术门派之争，经历了混乱的困惑和层峦叠嶂般的迷思，在人工智能的"三起两落"之后，未来的人工智能将走向怎样的远方？

想要理解现在，预见未来，可以从回溯历史开始。

一、从想象走进现实

"人工智能"虽然是一个现代性的专业名词，但是人类对人造机械智能的想象与思考却是源远流长的。

地球上第一个行走的机器人叫塔洛斯，是个铜制的巨人，大约2500多年前在希腊克里特岛降生在匠神赫菲斯托的工棚。据荷马史诗《伊利亚特》描述，塔洛斯当年在特洛伊战争中负责守卫克里特岛，诸神饮宴时有会动的机械三足鼎伺候。埃德利安·梅耶在《诸神与机器人》中甚至把希腊古城亚历山大港称为最初的硅谷，因为那里曾经是无数机器人的家园。

古老的机器人虽然与现代意义的人工智能风马牛不相及，但这些尝试都体现了人类复制、模拟自身的梦想。

人类对人工智能的凭空幻想阶段一直持续到20世纪40年代。由于第二次世界大战中交战各国对计算能力、通信能力在军事应用上迫切的需求，使得这些领域的研究成为人类科学的主要发展方向。信息科学的出现和电子计算机的发明，让一批学者得以真正开始严肃地探讨构造人造机械智能的可能性。

1935年春天的剑桥大学国王学院，年仅23岁的图灵第一次接触到了德国数学家大卫·希尔伯特的23个世纪问题中的第10个："能否通过机械化运算过程判定整系数方程是否存在整数解？"

图灵清楚地意识到，解决这一问题的关键在于对"机械化运算"的严格定义。考究希尔伯特的原意，这个词大概意味着"依照一定的有限的步骤，无须计算者的灵感就能完成的计算"，这在没有电子计算机的当时已经称得上既富想象力又不失准确的定义。但图灵的想法更单纯，机械化运算就是用一台机器可以完成的计算，用今天的术语来说，机械化运算的实质就是算法。

1936 年，图灵在伦敦权威的数学杂志上发表了划时代的重要论文《论可计算数及其在判断性问题中的应用》，一脚踢开了图灵机的大门。

1950 年，图灵发表了论文《计算机器与智能》，首次提出了对人工智能的评价准则，即闻名世界的"图灵测试"。图灵测试是在测试者与被测试者（一个人和一台机器）隔开的情况下，由测试者通过一些装置向被测试者随意提问。经多次测试后，如果机器让 30%的测试者做出误判，那么这台机器就通过了测试，并被认为具有人类水准的智能。

从本质上说，图灵测试从行为主义的角度对智能进行了重新定义，它将智能等同于符号运算的智能表现，而忽略了实现这种符号智能表现的机器内涵。它将智能限定为对人类行为的模仿能力，而判断力、创造性等人类思想独有的特质则必然无法被纳入图灵测试的范畴。

但无论图灵测试存在怎样的缺陷，它都是一项伟大的尝试。自此，人工智能具备了必要的理论基础，开始踏上科学舞台，并以其独特的魅力倾倒众生，带给人类关于自身、宇宙和未来的无尽思考。

1956 年 8 月，在美国达特茅斯学院，约翰·麦卡锡（LISP 语言创始人）、马文·明斯基（人工智能与认知学专家）、克劳德·香农（信息论的创始人）、艾伦·纽厄尔（计算机科学家）、赫伯特·西蒙（诺贝尔经济学奖得主）等科学家聚在一起，讨论着一个不食人间烟火的主题：

用机器来模仿人类学习及其他方面的智能。这就是著名的达特茅斯会议。

会议足足开了两个月，讨论的内容包括自动计算机、编程语言、神经网络、计算规模理论、自我改进（机器人学习）、抽象概念和随机性及创造性，虽然大家没有达成普遍共识，但是却将会议讨论的内容概括成一个名词：人工智能。

1956 年也因此成为人工智能元年，世界由此变化。

二、"一起一落"和"再起又落"

达特茅斯会议之后的数年是大发现的时代。对许多人而言，这一阶段开发出的程序堪称神奇：计算机可以解决代数应用题，证明几何定理，学习和使用英语。

当时大多数人几乎无法相信机器能够如此"智能"。1961 年，世界上第一款工业机器人 Unimate 在美国新泽西的通用电气工厂上岗试用。1966 年，第一台能移动的机器人 Shakey 问世，跟 Shakey 同年出生的还有伊莉莎。

1966 年问世的伊莉莎可以算是亚马逊语音助手 Alexa、谷歌助理和苹果语音助手 Siri 的"祖母"，"她"没有人形、没有声音，就是一个简单的机器人程序，通过人工编写的脚本与人类进行类似心理咨询的交谈。

伊莉莎问世时，机器解决问题和释义语音语言已经初露端倪。但是，抽象思维、自我认知和自然语言处理功能等人类智能对机器来说还遥不可及。

但这并不能阻挡研究者们对人工智能的美好愿景与乐观情绪，当时的科学家们认为，具有完全智能的机器将在二十年内出现。而当时对人工智能的研究几乎是无条件支持的。

但是好景不长，人工智能的第一个寒冬很快到来。

20 世纪 70 年代初，即使是最杰出的人工智能程序也只能解决它们尝试解决的问题中最简单的一部分，人工智能研究者遭遇了无法克服的基础性障碍。1973 年，詹姆斯·莱特希尔爵士针对英国人工智能研究状况的报告批评了人工智能在实现其"宏伟目标"上的完全失败，并导致了英国人工智能研究的低潮。

随之而来的还有资金上的困难，此前的过于乐观使人们期望过高，当承诺无法兑现时，对人工智能的资助就缩减或取消。由于缺乏进展，此前对人工智能提供资助的机构（如英国政府、DARPA 和 NRC）逐渐停止了对无方向的人工智能研究的资助。

然而，当人类进入 20 世纪 80 年代，人工智能的低潮出现了转机。一类"专家系统"能够依据一组从专门知识中推演出的逻辑规则在某一特定领域回答或解决问题，被全球许多公司所采纳。

1965 年起设计的 Dendral 能够根据分光计读数分辨混合物；1972 年设计的 MYCIN 能够诊断血液传染病，准确率为 69%，而专科医生的诊断准确率是 80%；1978 年，用于计算机销售的、为顾客自动配置零部件的专家系统 XCON 诞生，这是第一个投入商用的人工智能专家，也是当时最成功的一款。

人工智能再次获得了成功，1981 年，日本经济产业省拨款 8.5 亿美元支持第五代计算机项目，其目标是造出能够与人对话、翻译语言、解释图像并且像人一样进行推理的机器。

其他国家纷纷做出响应：1984 年，英国开始了耗资 3.5 亿英镑的 Alvey 工程；美国某企业协会组织了微电子与计算机技术公司（Microelectronics and Computer Technology Corporation，MCC），向人工智能和信息技术的大规模项目提供资助；美国国防高级研究计划局也行动起来，其 1988 年对人工智能领域的投资额是 1984 年的三倍。

而历史总是惊人的相似，人工智能再次遭遇寒冬：从 20 世纪 80 年代末到 90 年代初，人工智能遭遇了一系列财政问题。

"变天"的最早征兆是 1987 年人工智能硬件市场需求的急转直下，Apple 和 IBM 生产的台式机性能不断提升，到 1987 年时其性能已经超过了 Symbolics 公司和其他厂家生产的昂贵的 Lisp 机，老产品失去了存在的理由：一夜之间这个价值 5 亿美元的产业土崩瓦解。

三、人工智能时代兴起

"实现人类水平的智能"这一最初的梦想曾在 20 世纪 60 年代令全世界的想象力为之着迷，其失败的原因至今仍众说纷纭。最终，各种因素的合力将人工智能拆分为各自为战的几个子领域。

如今，已年过半百的人工智能终于实现了它最初的一些目标。而现在，人工智能比以往的任何时候都更加谨慎，却更加成功。

不可否认，人工智能的许多能力已经超越人类，如围棋、德州扑克；如证明数学定理，学习从海量数据中自动构建知识，识别语音、面孔、指纹，驾驶汽车，处理海量文件，进行物流和制造业的自动化操作等。

机器人可以识别和模拟人类情绪，甚至充当陪伴员和护理员，人工智能的应用也因此遍地开花，进入人类生活的各个领域。

人工智能的深度学习和强化学习成了时代强音，一个普遍认同的说法是：2012 年的 ImageNet 年度挑战开启了这一轮人工智能的复兴浪潮，ImageNet 是为视觉认知软件研究而设计建立的大型视觉数据库，由华裔人工智能科学家李飞飞于 2007 年发起，ImageNet 把深度学习和大数据推到前台，也使资金大量涌入。

近年来，人工智能开始写新闻，经过海量数据训练学会了识别猫，IBM 超级计算机"沃森"战胜了人类智力竞赛的两任冠军，谷歌 AlphaGo 战胜了围棋世界冠军，波士顿动力的机器人 Atlas 学会了三级跳远。新冠肺炎疫情发生后，人工智能更是落地助力医疗：智能机器人充当医护小助手，智能测温系统精准识别发热者，无人机代替民警巡查喊话，人工智能辅助 CT 影像诊断……

究其原因，人工智能技术的商业化离不开芯片处理能力的提升、云服务的普及及硬件价格下降等。

海量训练数据及 GPU（Graphics Processing Units）提供的强大而高效的并行计算促进了人工智能的广泛应用。用 GPU 来训练深度神经网络，所使用的训练集更大，所耗费的时间大幅缩短，占用的数据中心基础设施更少。

GPU 还被用于运行机器学习训练模型，以便在云端进行分类和预测，从而在耗费功率更低、占用基础设施更少的情况下能够支持远比从前更大的数据量和吞吐量。与单纯使用 CPU（Central Processing Units）的做法相比，GPU 具有数以千计的计算核心、可实现 10～100 倍的应用吞吐量。

同时，人工智能芯片的价格和尺寸不断下降和缩小。2020 年，全球的芯片价格比 2014 年下降 70% 左右。随着大数据技术的不断提升，人工智能赖以学习的标记数据获得成本下降，并且对数据的处理速度大幅提升。而物联网和电信技术的持续迭代又为人工智能技术的发展提供了基础设施。2020 年，接入物联网的设备超过 500 亿台。代表电信发展里程的 5G 将为人工智能的发展提供最快 1Gbps 的信息传输速度。

这一切，无不昭示着我们正迎来的时代——人工智能时代。

第二节　人工智能需求勃兴

人工智能政策的加速推进落地，根本目标在于形成人工智能的繁荣市场，也依赖于市场需求和供给各方所具备的资源禀赋。从需求角度来看，不论是 C 端用户、B 端企业，还是 G 端政府，市场对人工智能技术都表现出了极大的需求。

一、C 端用户需求

从 C 端用户的需求来看，人工智能解决的是与人相关的健康、娱乐、出行等生活场景中的痛点。人的需求会随着社会的发展水平不断升级，人工智能的出现契合了人们对于智能化生活的需求。

当前，中国人口老龄化趋势加重，智能化升级迫在眉睫。20 世纪末，中国进入老龄化社会，从 2000 年到 2018 年，60 岁及以上老年人口数量从 1.26 亿增加到 2.49 亿，老年人口占比从 10.2% 上升到 17.9%，提升幅度是世界平均水平的 2 倍多。并且，未来较长一段时期内，老龄化的趋势还将持续。相应地，随着人口老龄化带来的劳动力资源短缺及劳动力成本的增加，将会对中国经济和社会发展产生一定阻力。

2019 年年底，中国国务院正式印发的《国家积极应对人口老龄化中长期规划》明确指出，充分发挥科技创新的引领带动作用，把技术创新作为积极应对人口老龄化的第一动力和战略支撑。利用人工智能、机器人等作为劳动力替代及增强技术来应对劳动人口减少的挑战，实现产业智能化升级，用科技手段从根本上对冲人口老龄化对经济发展所带来的不利影响是必然选择。

此外，人工智能在教育、医疗等民生服务领域应用广泛，推动服务模式不断创新，服务产品日益优化，创新型智能服务体系逐步形成。在医疗方面，人工智能不断提升医疗水平，在疫情监测、疾病诊断、药物研发等方面发挥了重要作用。在教育方面，人工智能的应用加快了开放灵活的教育体系建设工作，能够实现因材施教，推动个性化教育发展，进一步促进教育公平和提升教育质量。

二、B 端企业需求

从 B 端企业的需求来看，企业对效率提升的需求旺盛，而人工智能可以显著提高效率，并且 B 端的应用场景和需求比较明确，人工智能在各行业的渗透速度加快。

以互联网为代表的数字经济，是过去 20 多年来中国经济高速发展最鲜明的组成。根据 CNNIC 的报告，截至 2020 年 3 月，中国网民规模为 9.04 亿人，互联网普及率达 64.5%，用户规模已连续 13 年占据世界首位，衣食住用行各方面不断在线化。根据腾讯研究院《数字中国指数报告 2019》测算，2018 年中国数字经济占 GDP 的比重已达 33.22%，为中国经济发展做出了巨大贡献。然而，近年来随着互联网普及，网民整体增速在巨大的基数下已经较为缓慢，原先靠人口红利实现快速增长的模式，面临向结构和质量转型升级的迫切需求。

人工智能、大数据和云计算等新技术推动的"计算变革"，有望在互联网"连接变革"之后带动新的创新增长。一方面，在海量互联网连接的基础上，这些智能技术应用能够进一步降低成本、提升连接和各类承载线上的服务质量和效率、创造新的应用和服务场景等，从而更有效地满足市场的个性化需求，扩大经济高质量增长的空间；另一方面，这些新技术本身的规模发展，也将形成新的高科技产业生态，吸引资本、人才等资源向新领域聚集，从而推动经济结构向高质量发展领域转型，最终完成智能经济、智能社会的升级。

三、G 端政府需求

从 G 端的政府对人工智能的需求来看，数字政府建设势在必行。数字政府的第一个阶段是垂直业务系统信息化阶段。在这个阶段，数字政府关注的焦点是方便使用和节约成本。整体的生态系统仍然以政府为中心，技术的焦点是服务导向的结构，政府在网上提供服务，而其服务模式却是被动式的。

垂直业务系统信息化阶段也可以说是电子化政府阶段。从领导方面来看，主要由政府的 IT 部门主导，由技术团队负责执行。衡量绩效的主要指标是网上服务的比例，即通过移动设施提供服务的比例、整合服务的比例及电子化渠道的应用。

数字政府的第二个阶段将过渡至开放政府的阶段。在开放政府阶段，政府服务的模式转向积极主动。数字系统以公民为中心，顾客门户网站更加成熟。整体的生态系统呈现共同创造服务，生态系统面向能够从开放数据获益的外部社会。

技术的焦点转向 API（应用程序编程接口）驱动的结构，主要关注开发和管理 API，以支持接近大数据。领导力则来自数据的驱动。衡量绩效的主要指标是开放数据集的数目以及建立在开放数据上的 App 的数量。

而人工智能切入政府关注民生、提升职能部门办事效率等多方面的需求，快速落地和应用，将为政府效率提升和城市发展带来新一轮的动力。

依托于人工智能，未来的数字政府必然走向智慧阶段。在智慧阶段，数字政府将运用开放数据和人工智能等数字技术，实现数字创新的过程。可以预见，智慧政府的服务模式将是前瞻性的，具有可预测性，服务及互动可以通过各种接触点进行，互动的步调因为政府预测需求的能力和预防突发事件的能力的增强而大大加快。

综合而言，C 端用户重视体验和产品，且需求相对多样复杂；B 端企业和 G 端政府更注重效率提升且需求明确。但 C 端、B 端和 G 端都表现出了对人工智能的旺盛需求，这为人工智能的发展添加了动力。

第三节　人工智能驱动新一轮科技革命

从狩猎时代到农业时代，人类经历了从打猎技术向耕种技术的跳跃式革命。200 多年前，蒸汽机的发明代替了牛、马的动力，英国的工业革命开启工业化之路。在此之后，电力的出现带动了电气化革命。

在这个过程中，伴随着生产力的不断跃迁，新生产工具、新劳动主体、新生产要素的不断涌现，人类逐渐构建起认识世界、改造世界的新模式，人类文明得以发展。而生产力作为人类征服和改造自然的客观物质力量，则是一个时代发展水平的集中体现。

一、释放数据生产力

"生产力"一词最先由法国重农学派创始人魁奈于 18 世纪中期提出，强调土地和人口对于累积财富的作用。随后，英国经济学家亚当·斯密认为，生产力相当于劳动生产率，不断细化的分工是其得以持续提升的根源。同为英国经济学家的李嘉图则认为，生产力是各种不同因素的"自然力"，资本、土地、劳动都具有生产力。

德国经济学家李斯特在 1841 年首次提出生产力理论的基本框架，而马克思则系统建立和阐述了生产力的理论体系，并在经典著作《资本论》中提出了生产力三要素，即劳动者、劳动资料和劳动对象。

在农业社会，人类通过繁重的体力劳动对土地资源进行有限开发以解决温饱和生存问题。进入工业社会，机器的出现则把劳动者从繁重的体力劳动中解放出来。信息技术革命带来了智能工具的大规模普及，使得人类改造和认识世界的能力和水平站到了一个新的历史高度，不仅大量繁重的体力劳动被机器替代，数据生产力更是替代了大量重复性的脑力工作，于是，人类可以用更少的劳动时间创造更多的物质财富。

从生产资料来看，马克思曾经指出"各种经济时代的区别，不在于生产什么，而在于怎样生产，用什么劳动资料生产"。因此，以劳动工具为主的劳动资料成为划分社会形态的基本标准之一，也是生产力在社会形态这个集合上投影的集中代表。

从"刀耕火种"到"铁犁牛耕"，再到"机器代人"，在互联网经济时代，数据是新的生产要素，是基础性资源和战略性资源，也是重要的生产力。在数字时代下，数据生产力的三要素——劳动者、劳动资料和劳动对象同时面临着巨大改变。

二、雕刻科技新时代

20 世纪后期，随着以人工智能为代表的信息技术的发展，人类社会改造自然的工具也开始发生革命性变化，其中最重要的标志是数字技术使劳动工具智能化。

智能工具成为信息社会典型的生产工具，并对信息数据等劳动对象进行采集、传输、处理、执行。如果说工业社会的劳动工具解决了人类四肢的有效延伸问题，信息社会的劳动工具与劳动对象的结合则解决了人脑的局限性问题，是一次增强和扩展人类智力功能、解放人类智力劳动的革命。

如今，人工智能已成为新一轮科技革命和产业变革的重要驱动力量，其发挥作用的广度和深度堪比历次工业革命。人工智能是当前科技革命的制高点，以智能化的方式广泛结合各领域知识与技术能力，释放科技革命和产业变革积蓄的巨大能量，成为全球科技战的争夺焦点。

正如工业革命给人类带来的前所未有的变化——工业革命反映到劳动生产率上，人均的劳动生产率在过去仅仅两百年左右的时间里提升了 10 倍，要知道，在此前将近三千年左右的时间里，劳动生产率几乎没有什么改变。

工业革命用能源加机械替代了人的体能，工业革命之后，人类改造世界不再靠体力，而是靠技能，劳动力发生了巨大的变化。可以说，现代社会劳动力的 90%都是从事技能劳动的，不论是司机、厨师还是服务人员。

而人工智能则进一步带来生产效率的提升。随着人工智能革命不断深入，几乎所有的技能劳动将被替代。在人工智能时代，有创新精神并创造出新产品、新服务或新商业模式的人才将成为市场的主要支配力量。在未来 15 年，人工智能和自动化技术将替代 40%～50%岗位，同时带来效率的提升。

比如，在工业制造领域，人工智能技术将深度赋能工业机器，带来生产效率和质量的极大提升。采用人工智能视觉检测替代工人来识别工件缺陷，带来的益处包括识别精度可达到微米级、无情绪保持稳定工作、毫秒级完成检测任务。

当前,世界主要发达国家纷纷把发展人工智能作为提升国家竞争力的主要抓手,努力在新一轮国际科技竞争中掌握主导权,围绕基础研发、资源开放、人才培养、公司合作等方面强化部署。

人工智能不仅是当今时代的科技标签，它所引导的科技变革更是在雕刻着这个时代。

第二章
人工智能技术地图

第一节　机器学习

一、机器学习是对人类学习的模仿

机器学习（Machine Learning，ML）是催生近年来人工智能发展热潮的重要技术。作为人工智能的一个分支，机器学习是人工智能的一种实现方法。从广义上来说，机器学习是一种能够赋予机器学习的能力，以此让它完成直接编程无法完成的功能的方法。但从实践意义来说，机器学习是一种利用数据训练出模型，然后使用模型预测的方法。

早在 1950 年，图灵在关于图灵测试的文章中就已提及机器学习的概念。

1952 年，IBM 的亚瑟·塞缪尔（Arthur Samuel，被誉为"机器学习之父"）设计了一款可以学习的西洋跳棋程序。它能够通过观察棋子的走位来构建新的模型，用来提高自己的下棋技巧。塞缪尔和这个程序进行多场对弈后发现，随着时间的推移，程序的棋艺变得越来越好。塞缪尔用这个程序推翻了以往的"机器无法超越人类，不能像人一样写代码和学习"这一传统认识，并在 1956 年正式提出了"机器学习"这一概念。亚瑟·塞缪尔认为："机器学习是在不直接针对问题进行编程的情况下，赋予计算机学习能力的一个研究领域。"

而有着"全球机器学习教父"之称的汤姆·米切尔则将机器学习定义为：对于某类任务 T 和性能度量 P，如果计算机程序在 T 上以 P 衡量的性能随着经验 E 而自我完善，就称这个计算机程序从经验 E 中进行了学习。

如今，随着时间的变迁，机器学习的内涵和外延不断变化。普遍认为，机器学习的处理系统和算法主要是通过找出数据里隐藏的模式，进而做出预测的识别模式，是人工智能的一个重要子领域。同时，机器学习也是一门多领域交叉学科，涉及概率论、统计学、逼近论、凸分析、算法复杂度理论等多门学科。

机器学习专门研究计算机怎样模拟或实现人类的学习行为，以获取新的知识或技能，重新组织已有的知识结构使之不断改善自身的性能。机器学习从样本数据中学习，得到知识和规律，然后用于实际推断和决策。其与普通程序相比的一个显著区别就是需要样本数据，是一种数据驱动的方法。

机器学习与人类基于经验的成长有异曲同工之妙。我们知道，人类绝大部分技能和知识的获得需要通过后天的训练与学习，而不是天生具有的。在没有认知能力的婴幼儿时期，人类从外界环境中不断得到信息，对大脑形成刺激，从而建立起认知的能力。

要给孩子建立"苹果""香蕉"这样的抽象概念，需要反复地提及这样的词汇并将实物与之对应。经过长期训练之后，孩子的大脑中才能够形成"苹果""香蕉"这些抽象概念和知识，并将这些概念运用于眼睛看到的世界。

人类在成长、生活过程中积累了很多经验，并对其进行"归纳"，获得了生活的"规律"。当人类遇到未知的问题或者需要对未来进行"推测"的时候，人类使用这些"规律"，对未知问题与未来进行"推测"，从而指导自己的生活和工作。

机器学习就采用了类似的思路。比如，要让人工智能程序具有识别图像的能力，就要收集大量的样本图像，并标明这些图像的类别，是香蕉、苹果还是其他物体。然后送给算法进行学习（训练），完成之后得到一个模型，这个模型是从这些样本中总结归纳得到的知识。随后，就可以用这个模型来对新的图像进行识别。

机器学习中的"训练"与"预测"过程可以对应人类的"归纳"与"推测"过程。由此可见，机器学习的思想并不复杂，其原理仅是对人类在生活中学习成长的一个模拟。由于机器学习不是基于编程形成的结果，因此它的处理过程不是因果的逻辑，而是通过归纳思想得出的相关性结论。

二、机器学习走向深度学习

机器学习是人工智能研究发展到一定阶段的必然产物。20 世纪 50 年代至 70 年代初，人工智能研究处于"推理期"，彼时，人们以为，只要赋予机器逻辑推理能力，机器就能具有智能。

这一阶段的代表性工作主要有纽厄尔和西蒙的"逻辑理论家"（Logic Theorist）程序及此后的"通用问题求解"（General Problem Solving）程序等，这些工作在当时取得了令人振奋的结果。比如，"逻辑理论家"程序在 1952 年证明了著名数学家罗素和怀特海的名著《数学原理》中的 38 条定理，在 1963 年证明了全部 52 条定理。纽厄尔和西蒙正因为这方面的工作获得了 1975 年的图灵奖。

然而，随着研究向前发展，人们逐渐认识到，仅具有逻辑推理能力是远远实现不了人工智能的。要使机器具有智能，就必须设法使机器拥有知识。在这一阶段，机器学习开始萌芽。

1952 年，IBM 科学家亚瑟·塞缪尔开发的西洋跳棋程序，驳倒了普罗维登斯提出的机器无法超越人类的论断，提出了像人类一样写代码和学习的模式。他创造了"机器学习"这一术语，并将它定义为"可以提供计算机能力而无须显式编程的研究领域"。

但由于人工智能大环境的降温，从 20 世纪 60 年代中期到 70 年代末期，机器学习的发展步伐几乎处于停滞状态。无论是理论研究还是计算机硬件限制，人工智能领域的发展遇到了很大的瓶颈。虽然这个时期温斯顿（Winston）的结构学习系统和海斯·罗思（Hayes Roth）等的基于逻辑的归纳学习系统取得了较大的进展，但只能学习单一概念，而且未能投入实际应用。而神经网络学习机因理论缺陷也未能达到预期效果而转入低潮。

进入 20 世纪 80 年代，机器学习进入重振时期。1981 年，伟博斯在神经网络反向传播（BP）算法中具体提出多层感知机模型。这也让 BP 算法在 1970 年以"自动微分的反向模型"（Reverse Mode of Automatic

Differentiation）为名提出来后真正发挥效用，并且直到今天，BP 算法仍然是神经网络架构的关键要素。

在新思想迭起下，神经网络的研究再一次加快。1985—1986 年，神经网络研究人员相继提出了使用 BP 算法训练的多参数线性规划（MLP）的理念，成为后来深度学习的基石。

在另一个谱系中，1986 年，昆兰提出了"决策树"机器学习算法，即 ID3 算法。此后发展的 ID4、回归树、CART 算法等至今仍然活跃在机器学习领域中。

支持向量机（SVM）的出现是机器学习领域的另一大重要突破，算法具有非常强大的理论地位和实证结果。与此同时，机器学习研究分为神经网络（Neural Network，NN）和 SVM 两派。然而，在 2000 年左右提出了带核函数的支持向量机后，SVM 在许多以前由 NN 占优的任务中获得了更好的效果。此外，SVM 相对于 NN 还能利用所有关于凸优化、泛化边际理论和核函数的深厚知识。因此 SVM 可以从不同的学科中大力推动理论和实践的改进。

2006 年，神经网络研究领域领军者杰弗里·辛顿提出了神经网络 Deep Learning 算法，使神经网络的能力大大提高，并得以挑战支持向量机。2006 年，辛顿发表在 *Science* 上的一篇文章正式开启了深度学习在学术界和工业界的浪潮。2015 年，为纪念人工智能概念提出 60 周年，杨立昆、约书亚·本吉奥和辛顿推出了深度学习的联合综述。

深度学习可以让那些拥有多个处理层的计算模型来学习具有多层次抽象的数据表示，这些方法在许多方面都带来了显著的改善，让图像、语音等感知类问题取得了真正意义上的突破,将人工智能推进到一个新时代。

三、从发展到应用

在过去的 20 年中，人类收集、存储、传输、处理数据的能力取得了飞速提升，人类社会的各个角落都积累了大量数据，急需能有效地对数据进行分析利用的计算机算法,而机器学习恰好顺应了大时代的这个迫切需求，因此该学科领域很自然地取得巨大发展、受到广泛关注。

今天，在计算机科学的诸多分支学科领域中，无论是多媒体、图形学，还是网络通信、软件工程，乃至体系结构、芯片设计，都能找到机器学习的身影，尤其在计算机视觉、自然语言处理等"计算机应用技术"领域，机器学习已成为最重要的技术进步源泉之一。

机器学习还为许多交叉学科提供了重要的技术支撑。生物信息学试图利用信息技术来研究生命现象和规律，生物信息学研究涉及从"生命现象"到"规律发现"的整个过程，其间必然包括数据获取、数据管理、数据分析、仿真实验等环节，而"数据分析"恰使机器学习大放异彩。

可以说,机器学习是统计分析时代向大数据时代发展必不可少的核心打磨,是开采大数据这一新"石油"资源的工具。比如，在环境监测、能源勘探、天气预报等基础应用领域，通过机器学习可以提升传统的数据分析效率，提高预报与检测的准确性；在销售分析、画像分析、库存管理、成本管控及推荐系统等商业应用领域，机器学习让即时响应、迭代更新的个性化推荐变得更轻松，渗透至人们生活的方方面面。

谷歌、百度等互联网搜索引擎极大地改变了人们的生活方式，互联网时代的人们习惯于在出行前通过互联网搜索来了解目的地信息、寻找合适的酒店及餐馆等，其体现的正是机器学习技术对于社会生活的赋能。显然，互联网搜索是通过分析网络上的数据找到用户所需的信息，在这个过程中，用户查询是输入，搜索结果是输出，而要建立输入与输出之间的联系，内核必然需要机器学习技术。

如今，搜索的对象、内容日趋复杂，机器学习技术的影响更为明显。在进行"图片搜索"时，无论是谷歌还是百度都在使用最新的机器学习技术。谷歌、百度、脸书等公司纷纷成立专攻机器学习技术的研究团队，甚至直接以机器学习技术命名的研究院，充分体现出机器学习技术的发展和应用，甚至在一定程度上影响了互联网产业的走向。

最后，除机器学习成为智能数据分析技术的创新源泉外，机器学习研究还有另一个不可忽视的意义，即通过建立一些关于学习的计算模型来促进人们理解"人类如何学习"。20 世纪 80 年代中期，Pentti Kanerva 提出 SDM（Spare Distributed Memory）模型，当时，他并没有刻意模仿人脑生理结构，但后来神经科学的研究发现，SDM 的稀疏编码机制在视觉、听觉、嗅觉功能的人脑皮层中广泛存在，从而为理解人脑的某些功能提供了一定的启发。

自然科学研究的驱动力归结起来无非是人类对宇宙本源、万物本质、生命本性、自我本识的好奇，而"人类如何学习"无疑是一个有关自我认识的重大问题。从这个意义上说，机器学习不仅在信息科学中占有重要地位，还具有一定的自然科学探索色彩。

第二节　计算机视觉

一、人工智能的双眼

作为智能世界的双眼，计算机视觉是人工智能技术里的一大分支。计算机视觉通过模拟人类视觉系统，赋予计算机"看"和"认知"的能力，是计算机认识世界的基础。确切来说，计算机视觉技术就是利用摄像机及计算机替代人眼，使计算机拥有人类的视觉所具有的分割、分类、识别、跟踪、判别及决策等功能，创建了能够在平面图像或三维立体图像的数据中获取所需"信息"的一个完整的人工智能系统。

计算机视觉利用成像系统代替视觉器官作为输入手段，利用视觉控制系统代替大脑皮层和大脑的剩余部分完成对视觉图像的处理和解释，让计算机自动完成对外部世界的视觉信息的探测，做出相应判断并采取行动，实现更复杂的指挥决策和自主行动。作为人工智能最前沿的领域之一，视觉类技术是人工智能企业的布局重点，具有最大的技术分布。

计算机视觉技术是一门包括计算机科学与工程、神经生理学、物理学、信号处理、认知科学、应用数学与统计等多门学科的综合性科学技术。计算机视觉技术系统在基于高性能的计算机的基础上能够快速获取大量数据信息并且基于智能算法快速进行信息处理，其本身包括不同的研究方向，如物体识别和检测（Object Detection）、语义分割（Semantic Segmentation）、运动和跟踪（Motion& Tracking）、视觉问答（Visual Question& Answering）等。

与计算机视觉概念相关的另一专业术语是机器视觉。机器视觉是计算机视觉在工业场景中的应用，目的是替代传统的人工，提高生产效率，降低生产成本。机器视觉与计算机视觉的侧重有所不同。计算机视觉主要是对质的分析，如物品分类识别。而机器视觉主要侧重对量的分析，如测量或定位。此外，计算机视觉的应用场景相对复杂，识别物体类型多，形状不规则，规律性不强。机器视觉则刚好相反，场景相对简单固定，识别类型少、规则且有规律，但对准确度、处理速度的要求较高。

二、计算机视觉的发展脉络

在计算机视觉 40 多年的发展历程中，人们提出了大量的理论和方法。总体来看，可分为三个主要历程，即马尔视觉计算、多视几何与分层三维重建、基于学习的视觉。

1982 年，大卫·马尔（David Marr）提出了视觉计算理论和方法，标志着计算机视觉成为一门独立的学科。

视觉计算理论包含两个主要观点：首先，马尔认为人类视觉的主要功能是复原三维场景的可见几何表面，即三维重建问题；其次，马尔认为这种从二维图像到三维几何结构的复原过程是可以通过计算完成的，并提出了一套完整的计算理论和方法。因此，视觉计算理论在一些文献中被称为三维重建理论，其影响深远，至今是计算机视觉领域的主流方法。

从 20 世纪 80 年代开始，计算机视觉掀起了全球性的研究热潮，方法理论迭代更新。一方面，瞄准的应用领域从精度和鲁棒性要求太高的"工业应用"转到要求不太高，特别是仅仅需要"视觉效果"的应用领域，如远程视频会议、考古、虚拟现实、视频监控等。另一方面，人们发现，多视几何理论下的分层三维重建能有效提高三维重建的鲁棒性和精度。在这一阶段，OCR 和智能摄像头等问世，并进一步引发了计算机视觉相关技术更为广泛的传播与应用。

20 世纪 80 年代中期，计算机视觉已经获得了迅速发展，主动视觉理论框架、基于感知特征群的物体识别理论框架等新概念、新方法、新理论不断涌现。

20 世纪 90 年代，计算机视觉开始在工业环境中得到广泛应用。同时，基于多视几何的视觉理论也得到迅速发展。20 世纪 90 年代初，视觉公司成立，并开发出第一代图像处理产品。而后，计算机视觉相关技术被不断地投入生产制造过程中，使计算机视觉领域迅速扩张，上百家企业开始大量销售计算机视觉系统，完整的计算机视觉产业逐渐形成。在这一阶段，传感器及控制结构等的迅速发展，进一步加速了计算机视觉行业的进步，并使行业的生产成本逐步降低。

进入 21 世纪，计算机视觉与计算机图形学的相互影响日益加深，基于图像的绘制成为研究热点。高效求解复杂全局优化问题的算法得到发展。更高速的 3D 视觉扫描系统和热影像系统等逐步问世，计算机视觉的软硬件产品蔓延至生产制造的各个阶段，应用领域也不断扩大。当下，计算机视觉作为人工智能的底层产业及电子、汽车等行业的上游行业，仍处于高速发展的阶段，具有良好的发展前景。

三、计算机视觉的广泛应用

计算机视觉是新基建的重要组成部分。2018 年，计算机视觉技术占中国人工智能市场规模的 34.9%，位居第一，在投融资规模中更是一枝独秀。随着近几年技术的不断成熟，中国计算机视觉市场得到快速增长，计算机视觉产业的发展受到市场与技术的双重驱动。

从市场驱动来看，随着人口红利的消失及人类生理能力的局限性，"机器代人"不断加快，带来巨大的经济效益。以工业机器视觉系统为例，发达国家一台典型的 10000 美元的工业机器视觉系统可替代 3 个年工资为 20000 美元的工人，投入回收期非常短，且后续维护费用低，具备明显的经济性。

如今，我们已进入视频爆炸的时代，海量数据亟待处理。人类的大脑皮层大约有 70%的部分都是在处理眼睛所看到的内容，即视觉信息。在计算机视觉之前，图像对于机器是处于黑盒状态的，就如同人没有视觉这一获取信息的主要渠道。计算机视觉的出现让计算机能够看懂图像，并能进一步分析图像。

从 4G 到 5G，正进一步引发互联网中的视频流量爆炸，视频以各种形式几乎参与了所有的应用，从而产生的海量视频数据以指数级的速度增长。想要对这一新型数据类型进行更精准的处理，推动计算机视觉的发展是必经之路。

从技术驱动来看，以 5G 为代表的新一代信息通信技术及以深度学习为代表的人工智能技术，推动计算机视觉产业不断成熟。

一方面，在 4G 时代就出现了简单的计算机视觉业务，如人脸识别、OCR 等。随着 5G 的普及，高速率、无线化、可移动视觉的需求将得到进一步满足。另一方面，人工智能技术随着算力的提升和算法的更新迭代，结合行业大数据，适用场景将更加广泛，能够大幅提升安防、工业制造、医疗影像诊断等领域的效率并降低人工成本。

计算机视觉的发展也推动着计算机视觉的应用。现阶段，中国对计算机视觉的应用以安防、金融、互联网为主，国外则以消费、视觉机器人、智能驾驶等场景为先。

究其原因，一是中国市场需求的推动。安防、金融数字化成为计算机视觉最重要的应用场景，带动了相关产业的发展。二是发展时间和阶段不同。国外计算机视觉发展较早，从实验室走向应用，经历了几十年的发展，早已进入稳定发展时期，而中国起步较晚，2010 年以后，相关企业才迅速成立及发展起来，所以中国企业在进入阶段就赶上了大规模视觉技术应用时期和互联网大爆发时期。三是市场重视程度不同。国外市场认为芯片和硬件的作用力大于软件算法技术，所以更加注重芯片的研发和市场的垄断。而中国市场则重点将行业知识和工程经验转化为垂直解决方案，使业务解决方案涵盖各种水平垂直方案。

计算机视觉最具代表性的应用无疑是人脸识别。目前基于深度学习的人脸识别系统精度不断提升，已被广泛应用于零售、金融及民生等各类场景。

深度学习方法的主要优势是可用大量数据来训练，从而学到对训练数据中出现的变化情况稳健的人脸表征。这种方法不需要设计对不同类型的类内差异（如光照、姿势、面部表情、年龄等）稳健的特定特征，而是可以从训练数据中学到它们。卷积神经网络对平移、缩放、倾斜和其他形式的形变具有高度的不变性，并且具有深度学习能力，可以通过网络训练获得图像特征，不需要人工提取特征，在图像样本规模较大的情况下，对图像有较高的识别率，因此卷积神经网络是人脸识别方面最常用的一类深度学习方法。

人脸识别过程包括人脸检测、人脸对齐、人脸识别等部分，具体流程包括：在整个图像中检测人脸区域；根据检测到的关键点位置，对人脸的检测框的关键点进行对齐，如使眼睛、嘴巴等在图像中有同样的坐标位置，主要是有利于后面的训练；在人脸的检测框内检测如眼睛、嘴巴、鼻子等关键点位置；使用神经网络前向抽取人脸特征进行训练，训练得到的模型用来部署；将每张人脸区域使用模型抽取特征，得到一个特征向量，将特征向量使用余弦方法等计算距离，小于指定的阈值则认为是同一个人。

OCR 实现物品的数据化则是计算机视觉的另一个重要应用。OCR 技术是从图像中识别文字的方法，在现实中具有广泛的应用场景，如车牌识别、身份证识别、护照识别等。

腾讯优图是 OCR 实现物品数据化的代表之一。腾讯优图基于在 OCR 领域的深厚技术积累和丰富的实战场景经验，自主研发了高精度的通用 OCR 引擎，包括多尺度的任意形状文本检测和融合语义理解的文字识别两大核心算法，结合自研数据仿真算法生成的数千万训练集，有效解决了文本畸变、密集排布、复杂背景干扰、手写、小字模糊字等 OCR 方向的经典难题。

为了充分验证算法的性能，腾讯优图 OCR 在包括文档、路标、书本、试卷、快递单等涵盖数十种场景的数千张图片上全面测试，准确率达到 95%。基于自研的高精度通用 OCR 技术，腾讯优图进一步研发了证照类、教育试题类、票据类等 50 多种垂直场景的 OCR 能力，关键字段准确率达到 98%，并通过腾讯云文字识别 OCR 在金融、保险、财务、物流、教育等领域得到广泛应用，信息录入速度提升 90% 以上，在提升业务处理效率的同时极大节省了人工录入成本。

第三节 自然语言处理

一、处理语言的机器

20 世纪 50 年代，图灵提出著名的"图灵测试"，引出了自然语言处理的思想，而后，经过半个多世纪的跌宕起伏，历经专家规则系统、统计机器学习、深度学习等一系列基础技术体系的迭代，如今的自然语言处理技术在各个方向都有了显著的进步和提升。作为人工智能重点技术之一，自然语言处理在学术研究和应用落地等各个方面都占据了举足轻重的地位。

自然语言是指汉语、英语、法语等人们日常使用的语言，是人类社会发展演变而来的语言，而不是人造的语言，自然语言是人类学习与生活的重要工具。自然语言在整个人类历史上以语言文字形式记载和流传的知识占到知识总量的 80%以上。就计算机应用而言，据统计，用于数学计算的仅占 10%，用于过程控制的不到 5%，其余 85%左右则用于语言文字的信息处理。

自然语言处理（Natural Language Processing，NLP）是将人类交流沟通所用的语言经过处理转化为机器所能理解的机器语言，是一种研究语言能力的模型和算法框架，是语言学和计算机科学的交叉学科，是人工智能、计算机科学和语言学所共同关注的重要方向。

自然语言处理的具体表现形式包括机器翻译、文本摘要、文本分类、文本校对、信息抽取、语音合成、语音识别等。可以说，自然语言处理就是要计算机理解自然语言，自然语言处理机制涉及两个流程，即自然语言理解和自然语言生成。自然语言理解是指计算机能够理解自然语言文本的意义，自然语言生成则是指能以自然语言文本来表达给定的意图。

自然语言的处理流程大致可分为五步：

第一步，获取语料。第二步，对语料进行预处理，其中包括语料清理、分词、词性标注和去停用词等步骤。第三步，特征化，也就是向量化，主要把分词后的字和词表示成计算机可计算的类型（向量），这样有助于较好地表达不同词的相似关系。第四步，模型训练，包括传统的有监督、半监督和无监督学习模型等，可根据应用需求的不同进行选择。第五步，对建模后的效果进行评价，常用的评测指标有准确率（Precision）、召回率（Recall）、F 值（F-Measure）等。准确率是衡量检索系统的查准率；召回率是衡量检索系统的查全率；而 F 值是综合准确率和召回率用于反映整体的指标，当 F 值较高时则说明试验方法有效。

谁掌握了更高级的自然语言处理技术，谁在自然语言处理的技术研发中取得了实质性突破，谁就将在日益激烈的人工智能军备竞赛中占得先机。

二、从诞生到繁荣

作为一门包含计算机科学、人工智能及语言学的交叉学科，自然语言处理经历了在曲折中发展的过程。

1950 年，图灵提出的"图灵测试"被认为是自然语言处理思想的开端。20 世纪 50 年代到 70 年代，自然语言处理主要采用基于规则的方法，即认为自然语言处理的过程和人类学习认知一门语言的过程是类似的，彼时，自然语言处理还停留在理性主义思潮阶段，以基于规则的方法为代表。

然而，基于规则的方法具有不可避免的缺点：首先，规则不可能覆盖所有的语句；其次，这种方法对开发者的要求极高，开发者不仅要精通计算机还要精通语言学。因此，这一阶段虽然解决了一些简单的问题，但是无法从根本上将自然语言理解实用化。

20 世纪 70 年代以后，随着互联网的高速发展，丰富的语料库成为现实及硬件不断更新与完善，自然语言处理思潮由理性主义向经验主义过渡，基于统计的方法逐渐代替了基于规则的方法。贾里尼克和其领导的 IBM 华生实验室是推动这一转变的关键，他们采用基于统计的方法，将当时的语音识别率从 70%提升到 90%。在这一阶段，自然语言处理基于数学模型和统计的方法取得了实质性的突破，从实验室走向实际应用。

从 20 世纪 90 年代开始，自然语言处理进入了繁荣期。1993 年 7 月在日本神户召开的第四届机器翻译高峰会议（MT Summit IV）上，英国著名学者 William John Hutchins 教授指出，自 1989 年以来，机器翻译的发展进入了一个新纪元。这个新纪元的重要标志是在基于规则的技术中引入了语料库方法，包括统计方法、基于实例的方法、通过语料加工手段使语料库转化为语言知识库的方法等。这种建立在大规模真实文本处理基础上的机器翻译，是机器翻译研究史上的一场革命，它将把自然语言处理推向一个崭新的阶段。随着机器翻译新纪元的开始，自然语言处理进入了它的繁荣期。

尤其是 20 世纪 90 年代（1994—1999 年）以及 21 世纪初期，自然语言处理的研究发生了很大的变化，出现了空前繁荣的局面。这主要表现在三个方面。

首先，概率和数据驱动的方法几乎成了自然语言处理的标准方法。句法剖析、词类标注、参照消解和话语处理的算法全都开始引入概率，并且采用从语音识别和信息检索中借过来的评测方法。

其次，由于计算机的速度和存储量的增加，使得在语音和语言处理的一些子领域，特别是在语音识别、拼写检查、语法检查这些子领域，有可能进行商品化的开发。语音和语言处理的算法开始被应用于增强交替通信（Augmentative and Alternative Communication，AAC）。

最后，网络技术的发展对自然语言处理产生了巨大的推动力。万维网（World Wide Web，WWW）的发展使网络上的信息检索和信息抽取的需要变得更加突出，数据挖掘技术日渐成熟。而 WWW 正是由自然语言构成的。因此，随着 WWW 的发展，自然语言处理的研究变得越发重要。可以说，自然语言处理的研究与 WWW 的发展息息相关。

如今，在图像识别和语音识别领域的成果激励下，人们逐渐引入深度学习来做自然语言处理研究。2013 年，Word2vec 将深度学习与自然语言处理的结合推向了高潮，并在机器翻译、问答系统、阅读理解等领域取得了一定成功。作为多层的神经网络，深度学习从输入层开始，经过逐层非线性的变化得到输出。从输入到输出做端到端的训练，即可执行预想的任务。RNN 已经成为自然语言处理最常用的方法之一，GRU、LSTM 等模型则相继引发了一轮又一轮的自然语言识别热潮。

第四节　专家系统和知识工程

一、从专家系统到知识工程

自从 1965 年世界上第一个专家系统 DENDRAL 问世以来，专家系统的技术和应用就在短短的 30 年间获得了长足的进步和发展。尤其在 20 世纪 80 年代中期以后，随着知识工程技术的日渐丰富和成熟，各种各样的实用专家系统推动着人工智能日益发展。

专家是指在学术、技艺等方面有专门技能或专业知识全面的人；特别精通某一学科或某项技艺的有较高造诣的专业人士。通常来说，专家拥有丰富的专业知识和实践经验，或者说专家拥有丰富的理论知识和经验知识。专家还应该具有独特的思维方式，即独特的分析问题和解决问题的方法和策略。

专家系统（Expert System）也称专家咨询系统，是一种智能计算机（软件）系统。顾名思义，专家系统就是能像人类专家一样解决困难、复杂的实际问题的计算机（软件）系统。

专家系统是一类特殊的知识系统。作为基于知识的系统，建造专家系统就需要知识获取（Knowledge Acquisition），即从人类专家那里或从实际问题那里搜集、整理、归纳专家级知识；知识表示（Knowledge Representation），即以某种结构形式表达所获取的知识，并将其存储于计算机之中；知识的组织与管理，即知识库（Knowledge Base）；建立与维护对知识的利用，即使用知识进行推理等一系列关于知识处理的技术和方法。

于是，现在关于知识处理的技术和方法得以形成一个称为"知识工程"（Knowledge Engineering）的学科领域。专家系统促成了知识工程的诞生和发展，知识工程又反过来为专家系统服务，专家系统与知识工程密不可分。

二、搭建一个专家系统

从概念来讲，不同的专家系统存在相同的结构模式，都需要知识库、推理机、动态数据库、人机界面、解释模块和知识库管理系统（见图 2-1）。其中，知识库和推理机是两个最基本的模块。

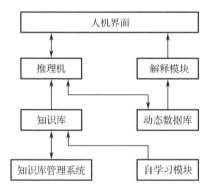

图 2-1　专家系统的结构模式

所谓知识库，就是以某种表示形式存储于计算机中的知识的集合。知识库通常是以一个个文件的形式存放于外部介质上，专家系统运行时被调入内存。知识库中的知识一般包括专家知识、领域知识和元知识。元知识是关于调度和管理知识的知识。知识库中的知识通常就是按照知识的表示形式、性质、层次、内容来组织的，构成了知识库的结构。

推理机是实现（机器）推理的程序。推理机针对当前问题的条件或已知信息，反复匹配知识库中的规则，获得新的结论，以得到问题求解结果。推理方式又可以分为正向和反向两种推理。

知识库和推理机构成了一个专家系统的基本框架，相辅相成，密切相关。当然，由于不同的知识表示有不同的推理方式，所以，推理机的推理方式和工作效率不仅与推理机本身的算法有关，还与知识库中的知识及知识库的组织有关。

动态数据库也称全局数据库、综合数据库、工作存储器、黑板等，动态数据库是存放初始证据事实、推理结果和控制信息的场所，或者说它是上述各种数据构成的集合。动态数据库只在系统运行期间产生、变化和撤销，所以才有"动态"一说。动态数据库虽然也叫数据库，但它并不是通常所说的数据库，两者有本质差异。

人机界面指的是最终用户与专家系统的交互界面。一方面，用户通过这个界面向系统提出或回答问题，或向系统提供原始数据和事实等；另一方面，系统通过这个界面向用户提出或回答问题，并输出结果以及对系统的行为和最终结果做出适当解释。

解释模块专门负责向用户解释专家系统的行为和结果。在推理过程中，它可向用户解释系统的行为，回答用户"why"之类的问题，推理结束后它可向用户解释推理的结果是怎样得来的，回答"how"之类的问题。

知识库管理系统则是知识库的支撑软件。知识库管理系统对知识库的作用，类似于数据库管理系统对数据库的作用，其功能包括知识库的建立、删除、重组；知识的获取（主要指录入和编辑）、维护、查询、更新；对知识的检查，包括一致性、冗余性和完整性检查等。

知识库管理系统主要在专家系统的开发阶段使用，但在专家系统的运行阶段也要经常用来对知识库进行增、删、改、查等各种管理工作。所以，它的生命周期实际是和相应的专家系统一样的。知识库管理系统的用户一般是系统的开发者，包括领域专家和知识工程师，而专家系统的用户一般是领域专业人员。

三、专家系统的发展和应用

DENDRAL 是世界上第一个专家系统，由美国斯坦福大学的费根鲍姆教授于 1965 年开发。DENDRAL 是一个化学专家系统，能根据化合物的分子式和质谱数据推断化合物的分子结构。DENDRAL 的成功极大地鼓舞了人工智能界的科学家，使一度徘徊的人工智能出现了新的生机，它标志着人工智能研究开始向实际应用阶段过渡，同时标志着人工智能的一个新的研究领域——专家系统的诞生，使人工智能的研究从以推理为中心转向以知识为中心，为人工智能的研究开辟了新的方向和道路。

20 世纪 70 年代，专家系统趋于成熟，专家系统的观点也开始广泛被人们所接受。20 世纪 70 年代中期先后出现了一批卓有成效的专家系统，在医疗领域尤为突出。MYCIN 就是其中最具代表性的专家系统。

MYCIN 是由美国斯坦福大学的研究人员于 1972 年开始研制的用于诊断和治疗感染性疾病的医疗专家系统，于 1974 年基本完成，以后又经过不断改进和扩充，成为第一个功能较全面的专家系统。MYCIN 不仅能对传染性疾病做出专家水平的诊断和治疗选择，而且便于使用、理解、修改和扩充。它可以使用自然语言同用户对话，回答用户提出的问题；还可以在专家的指导下学习新的医疗知识。MYCIN 第一次使用了知识库的概念，并使用了似然推理技术。可以说，MYCIN 是一个对专家系统的理论和实践都有较大贡献的系统，后来的许多专家系统都是在 MYCIN 的基础上研制的。

1977 年，第五届国际人工智能联合会（International Joint Conference on Artificial Intelligence，IJCAI）会议上，题为《人工智能的艺术：知识工程课题及实例研究》的文章系统阐述了专家系统的思想，并提出了知识工程（Knowledge Engineering）的概念。

至此，专家系统基本成熟。围绕着开发专家系统而开展的一整套理论、方法、技术等各方面的研究形成了一门新兴学科——知识工程。

进入 20 世纪 80 年代，随着专家系统技术的逐渐成熟，其应用领域迅速扩大。20 世纪 70 年代中期以前，专家系统多属于数据解释型（DENDRAL、PROSPECTOR、HEARSAY 等）和故障诊断型（MYCIN、CASNET、INTERNIST 等）。它们所处理的问题基本上是可分解的问题。

20 世纪 70 年代后期，专家系统开始出现其他的类型，包括超大规模集成电路设计系统 KBVLSI、自动程序设计系统 PSI 等设计型专家系统；遗传学实验设计系统 MOLGEN、安排机器人行动步骤的 NOAH 等规划型专家系统；感染病诊断治疗教学系统 GUIDON、蒸气动力设备操作教学系统 STEAMER 等教育型专家系统；军事冲突预测系统 IW 和暴雨预报系统 STEAMER 等预测型专家系统。

与此同时，这一时期的专家系统在理论和方法上也进行了较深入的探讨。适于专家系统开发的程序语言和高级工具也相继问世。尤其是专家系统工具的出现大大加快了专家系统的开发速度，进一步普及了专家系统的应用。

20 世纪 80 年代，在国外，专家系统在生产制造领域中的应用已非常广泛，如 CAD/CAM 和工程设计、机器故障诊断及维护、生产过程控制、调度和生产管理、能源管理、质量保障、石油和资源勘探、电力和核能设施；焊接工艺过程等领域。这些专家系统的具体应用在提高产品质量和产生巨大经济效益方面带来了巨大成效，从而极大地推动了生产力的发展。

第五节　机器人的问世与流行

一、什么是机器人

机器人是科学技术发展到一定历史阶段的产物。广义上，机器人包括一切模拟人类行为或思想及模拟其他生物的机械（如机器狗、机器猫等）。狭义上，学界和行业对机器人的定义存在诸多分类法及争议，有些计算机程序甚至也被称为机器人（爬虫机器人）。

联合国标准化组织采纳了美国机器人协会给机器人下的定义：一种可编程和多功能的操作机，或是为了执行不同的任务而具有可用计算机改变和可编程动作的专门系统。一般由执行机构、驱动装置、检测装置和控制系统和复杂机械等组成。其中，可编程、多功能和操作机是机器人的重要特征。

"可编程"的意思是，机器人的程序不仅可以编制一次，且可根据需要编制任意次。事实上，我们日常所用的许多电子装置都带有可编程的计算机芯片。例如，在数字闹钟的芯片内部编一个程序，指令它演奏一曲《友谊地久天长》作为闹铃声，然而，这些程序不能随意改变，也不允许所有者自己输入新的程序。与之不同，机器人的程序是可以置入的，即根据使用者的意愿，对它进行改变、增加或删除。一个机器人可具有按任意顺序做不同事情的多种程序。当然，为了重新编程，一个机器人必须具有一个可输入新的指令和信息的计算机。

"多功能"，顾名思义，机器人是多用途的，即可完成多种工作，如用于激光切割的机器人，对其终端工具稍加改变，即可用于焊接、喷漆或装置操作等工作。

"操作机"是指机器人工作时，需要一个移动工作对象的机构。正如机器人与其他自动化机器的区别在于它的程序可重编性和万能性，机器人与计算机的区别在于它有一个操作机构。

可以说，机器人是综合了机械、电子、计算机、传感器、控制技术、人工智能、仿生学等多种学科的复杂智能机械。

二、从孕育到发展

每一种设想和技术都有其孕育发展期，机器人技术也不例外。在古希腊罗马时期，原始机器人以活雕像和各种"神奇"的机器形态存在：只要往狮身鹰头的石雕张开的大嘴里扔进八枚硬币，"圣水"便会自动从石兽的眼睛里流出来。祭司在庙宇前点燃圣火，庙宇的大门便会按照现代工程师的说法"自动"开启。亚历山大城的赫龙和希腊时代的其他机械师制作的雕塑，常常成为迷信祭祀的偶像。

关于机器人的"可靠"的记载，最初出现在著名的荷马史诗《伊利亚特》里，其中，荷马描绘了一个由黄金做成的女性帮助炼铁神赫淮斯托斯的故事。事实上，现代工业机器人祖先的故事常常带有浓厚的神话传奇色彩。这与其说是在记载事实，不如说是人类的一种美妙幻想。

机器人从幻想世界真正走向现实世界是从自动化生产和科学研究的发展需要出发的。1939 年，纽约世博会上首次展出了由西屋电气公司制造的家用机器人 Elektro，但它只是掌握了简单的语言，能行走、抽烟，并不能代替人类做家务。

现代机器人的起源则始于 20 世纪 40 年代至 50 年代，美国许多国家实验室进行了机器人方面的初步探索。第二次世界大战时，在放射性材料的生产和处理过程中应用了一种简单的遥控操纵器，使机械抓手能复现人手的动作位置和姿态，代替了操作人员的直接操作。

在这之后，橡树岭国家实验室开始研制遥控式机械手作为搬运放射性材料的工具。1948 年，主从式的遥控机械手正式诞生于此，开现代机器人制造之先河。美国麻省理工学院辐射实验室（MIT Radiation Laboratory）于 1953 年成功研制数控铣床，把复杂伺服系统的技术与最新发展的数字计算机技术结合起来，切削模型以数字形式通过穿孔纸带输入机器，然后控制铣床的伺服轴按照模型的轨迹作切削动作。

20 世纪 50 年代以后，机器人进入了实用化阶段。1954 年，美国的乔治·德沃尔设计并制作了世界上第一台机器人实验装置，发表了《适用于重复作业的通用性工业机器人》一文，并获得了专利。乔治·德沃尔巧妙地把遥控操作器的关节型连杆机构与数控机床的伺服轴连接在一起，预定的机械手动作一经编程输入后，机械手就可以离开人的辅助而独立运行。这种机器人也可以接受示教而能完成各种简单任务。示教过程中，操作者用手带动机械手依次通过工作任务的各个位置，这些位置序列记录在数字存储器内，在任务的执行过程中，机器人的各个关节在伺服驱动下再现出那些位置序列。因此，这种机器人的主要技术功能就是"可编程"及"示教再现"。

20 世纪 60 年代，机器人产品正式问世，机器人技术开始形成。1960 年，美国的 Consolidated Control 公司根据乔治·德沃尔的专利研制出第一台机器人样机，并成立 Unimation 公司，定型生产了 Unimate 机器人。同时，美国机床与铸造公司（AMF）设计制造了另一种可编程机器人 Versatran（意为"多才多艺"）。这两种型号的机器人以"示教再现"的方式在汽车生产线上成功地代替工人进行传送、焊接、喷漆等作业，它们在工作中表现出来的经济效益、可靠性、灵活性，引起了其他国家的注意。从 1968 年开始，日本的机器人制造业取得了惊人的进步。

1969 年，美国通用电气（GE）公司为美国陆军建造的实验行走车是机器人研发的一项巨大进步。其控制难度实非人力所能及，从而促进了自动控制研究的深入发展。该行走车的四腿装置所要求的为数极多的自由度是控制的主要课题。同年，波士顿机械臂问世。次年，斯坦福机械臂问世，并且其装备了摄像机和计算机控制器。而随着这些机械被用作机器人的操作机构，机器人技术开始取得若干重大进展。

1970 年，美国第一次全国性的机器人学术会议召开。1971 年，日本成立工业机器人协会以推动机器人的应用，随后推出第一台计算机控制机器人，并且被誉为"未来工具"，即 T3 型机器人，可力举重量超过 100 磅（约 45.36 千克）的物体，并可追踪装配线上的工件。

工业机器人各种卓有成效的实用范例使机器人应用领域进一步扩展。同时，由于不同应用场合的特点导致各种坐标系统、各种结构的机器人相继出现。而随后的大规模集成电路技术的飞跃发展及微型计算机的普遍应用，使机器人的控制性能得到大幅度提高、成本不断降低。于是，导致了数百种不同结构、不同控制方法、不同用途的机器人终于在 20 世纪 80 年代以来真正进入了实用化的普及阶段。

进入 20 世纪 80 年代，随着计算机、传感器技术的发展，机器人技术已经具备了初步的感知、反馈能力，在工业生产中逐步应用。工业机器人先是在汽车制造业的流水线生产中开始大规模应用，随后，日本、德国、美国等制造业发达国家开始在其他工业生产中大量采用机器人作业。

20 世纪 80 年代以后，机器人朝着越来越智能的方向发展，这种机器人带有多种传感器，能够将多种传感器得到的信息进行融合，能够有效适应变化的环境，具有很强的自适应能力、学习能力和自治功能。智能机器人的发展主要经历了三个阶段，分别是可编程示教、再现型机器人，有感知能力和自适应能力的机器人，以及智能机器人。其中涉及的关键技术有多传感器信息融合、导航与定位、路径规划、机器人视觉智能控制和人机接口技术等。

进入 21 世纪，随着劳动力成本的不断提高、技术的不断进步，各国陆续进行制造业的转型与升级，出现了机器人替代人的热潮。同时，人工智能发展日新月异，服务机器人也开始走进普通家庭。世界上许多机器人科技公司都在大力发展机器人技术，机器人的特质与有机生命越来越接近。

第三章

人工智能走向泛在应用

第一节　人工智能与医疗

一、人工智能制药尚未成熟

目前，人工智能在医疗卫生领域的广泛应用正形成全球共识。可以说，人工智能以独特的方式捍卫着人类健康福祉，除了在诊疗手术、就医管理、医疗保险方面发挥作用，基于算法的人工智能近年来更是推动着疾病与药物研究的革新，并越来越体现其优势。

制药业是危险与迷人并存的行业，研药过程昂贵且漫长。通常，一款药物的研发可以分为药物发现和临床研究两个阶段。

在药物发现阶段，需要科学家先建立疾病假说、发现靶点、设计化合物，再展开临床前研究。而传统药企在药物研发过程中则必须进行大量的模拟测试，研发周期长、成本高、成功率低。根据《自然》的分析数据，一款新药的研发成本大约是 26 亿美元，耗时约 10 年，而成功率则不到十分之一。

其中，仅发现靶点、设计化合物环节就障碍重重，包括苗头化合物筛选、先导化合物优化、候选化合物的确定及合成等，每一步都面临较高的淘汰率。

对于发现靶点来说，需要通过不断的实验筛选，从几百个分子中寻找有治疗效果的化学分子。此外，人类思维有一定的趋同性，针对同一个靶点的新药，有时难免结构相近，甚至引发专利诉讼。最终，一种药物可能需要对成千上万种化合物进行筛选，即便这样，也仅有几种能顺利进入最后的研发环节。

然而，通过人工智能技术却可以寻找疾病、基因和药物之间的深层次联系，以降低高昂的研发费用和失败率。基于疾病代谢数据、大规模基因组识别、蛋白组学、代谢组学，人工智能可以对候选化合物进行虚拟高通量筛选，寻找药物与疾病、疾病与基因的链接关系，提升药物开发效率，提高药物开发的成功率。

在候选化合物方面，人工智能可以进行虚拟筛选，帮助科研人员高效地找到活性较高的化合物，提高潜在药物的筛选速度和成功率。比如，美国 Atomwise 公司使用深度卷积神经网络 AtomNet 来支持基于结构的药物设计辅助药品研发，通过人工智能分析药物数据库模拟研发过程，预测潜在的候选药物，评估新药研发风险，预测药物效果。制药公司 Astellas 与 NuMedii 公司合作使用基于神经网络的算法寻找新的候选药物、预测疾病的生物标志物。

当药物研发经历药物发现阶段，成功进入临床研究阶段时，则进入了整个药物批准程序中最耗时且成本最高的阶段。临床试验分多阶段进行，包括临床 I 期（安全性）、临床 II 期（有效性）和临床III期（大规模的安全性和有效性）的测试。

传统的临床试验中，招募患者的成本很高，信息不对称是需要解决的首要问题。CB Insights 的一项调查显示，临床试验延后的最大原因来自人员招募环节，约 80%的试验无法按时找到理想的试药志愿者。

临床试验中的一个重要部分在于严格遵守协议。简言之，如果志愿者未能遵守试验规则，那么必须将相关数据从集合当中删除。否则，一旦未能及时发现，这些包含错误用药背景的数据可能严重歪曲试验结果。此外，保证参与者在正确的时间服用正确的药物，对于维护结果的准确性同样重要。

但这些难点却可以在人工智能技术下被解决。比如，人工智能可以利用技术手段从患者的医疗记录中提取有效信息，并与正在进行的临床研究进行匹配，从而在很大程度上简化了招募过程。

对于实验的过程中往往存在患者服药依从性无法监测等问题，人工智能技术可以实现对患者的持续性监测，如利用传感器跟踪药物摄入情况、用图像和面部识别跟踪患者服药依从性。苹果公司就推出了开源框架 ResearchKit 和 CareKit，不仅可以帮助临床试验招募患者，还可以帮助研究人员利用应用程序远程监控患者的健康状况、日常生活等。

既然人工智能展现出在制药业的优势和潜力，为什么人工智能制药业至今还未密集爆发呢？随着药物开发成本一路走高，一直以来看起来很有希望的人工智能技术突破却并没有带来研发水平的显著提高。究其根本，还在于当今的人工智能存在的固有局限性。对于目前的人工智能来说，其主要还是通过在数据中寻找模式来学习的。通常，输入的数据越多，人工智能就越智能。

要实现超自然的性能，一般来说，必须输入模拟特定行为的高质量数据对系统进行训练。这在围棋等游戏中容易实现，每一步都有明确的参数，但在不容易预测的现实生活场景中则要困难得多。这也令人工智能在应用于现实场景的过程中，经常会遇到困难。

因新冠肺炎疫情，在法国、美国和英国等地，人工智能之所以未能支持政府建立有效的接触者追踪系统的努力，很大一部分原因就是缺少必要的"原料"：在英国，由于缺乏系统的数据采集来追踪和溯源病例，在短期内几乎不可能使用人工智能技术实施接触者追踪干预。

当然，即便人工智能可以创造出人类急需的药品，改善健康，治疗疾病。但无论是生成强化学习等方法的结合，还是量子计算的迷人前景，都需要生物学、化学及更多学科的支持。只有保证科学的供给，才能更好地产出科学。

在制药业，从识别生物靶点、设计新分子，到提供个性化治疗和预测临床试验结果，人工智能具有巨大的潜力。人工智能制药现在或许依然输给了传统的生物学和化学，但这并不意味着它还没有准备好进入黄金期，而未来，黄金期的到来也将给制药这一历史悠久且至关重要的行业带来前所未有的变革。

二、用人工智能求解心理健康

人工智能除了在我们所熟悉的社会生活中发挥高效便捷的作用，更是在一些小众却必要的领域具有无可比拟的优势和潜力——对心理障碍的诊断。

目前，中国有严重心理障碍的患者约 1600 万人。心理障碍的诊断需要有经验的医生依据调查问卷和自己的经验进行判断。由于血液检测查不出抑郁症，脑部扫描也没法提前检查出焦虑症，活组织检查更不可能诊断出自杀的念头，所以，没有简单的方法来检测这一疾病。这让心理障碍的诊断变得缓慢、困难并且主观，阻碍了研究人员理解各种心理障碍的真正本质和原因，也研究不出更好的治疗方法。

但这样的困境并不绝对，事实上，精神科医生所依据的患者语言给诊断突破提供了重要的线索。

1908 年，瑞士精神病学家欧根·布卢勒宣布了他和同事们正在研究的一种疾病的名称：精神分裂症。他注意到这种疾病的症状是如何"在语言中表现出来的，"但是他补充，"这种异常不在于语言本身，而在于它表达的东西。"

布卢勒是最早关注精神分裂症"阴性"症状的学者之一，也就是健康的人身上不会出现的症状。这些症状不如所谓的"阳性"症状那么明显，如幻觉。最常见的负面症状是口吃或语言障碍。患者会尽量少说，经常使用模糊的、重复的、刻板的短语。这就是精神病学家所说的低语义密度。

低语义密度是患者可能患有心理障碍的一个警示信号。有些研究项目表明，患有心理障碍的高风险人群一般很少使用"我的""他的""我们的"等所有格代词。基于此，研究人员把对于心理障碍的诊断突破转向了机器对语义的识别。

通过移动设备所获得的大量与健康相关的数据的价值可能远超过如体检、实验室检查和影像学检查等一些传统定义疾病表型的方法，对疾病的诊断和评估具有更高的价值。事实上，已经有越来越多的研究人员开始筛选人们产生的数据来寻找抑郁、焦虑、双相情感障碍和其他综合征的迹象——从人们的语言选择、睡眠模式到给朋友打电话的频率，这些数据与对这些数据的分析，被称为数据表型。

通过数字表型，个体与数字科学的结合影响着从诊断、治疗到慢性病管理的疾病谱系。在精神病学领域引进数字表型，能够更密切和持续地测量患者在日常生活中的各种生物特征信息，如情绪、活动、心率和睡眠，并将这些信息与临床症状联系起来，从而改善临床实践。

相较于传统精神病学只能依赖于个别精神病学家的技能、经验和意见的诊断来说，以人工智能为依托的数据表型无疑具有无可比拟的优势和潜力，包括疾病预测、疾病持续的评估监测、疾病治疗方案评估。

而一项探索性的研究发现，与正常对照的推特用户相比，患有精神分裂症的推特用户发布的有关抑郁和焦虑的推文频率更高，这与线下观察到的精神分裂症患者的临床症状相符合。研究还发现，社交和娱乐越多，压力和激惹性情绪就越低。这提示了有可能利用网络平台提供精神疾病症状相关的数字表型，为疾病的预测和管理提供新的途径。

首先，针对没有心理障碍的普通人，人机交互的信息也可为情绪预测提供帮助。在另一项研究中，研究人员使用智能手机传感器预测 32 名健康受试者为期两个月的情绪变化，研究分析了通话的数量及时长、短信及电子邮件的数量、应用程序的使用数量及模式、浏览器的历史链接及位置变化的信息，预测情绪变化的准确率为 66%，采用个性化预测模型后其预测准确度可提高到93%。

其次，很多研究已经证实，持续性的监测比零星的临床访谈评估可为疾病提供更有用的信号。但目前针对心理障碍的评估存在许多局限性：评估方法是非生态性的，通常需要被试者脱离日常生活行为来完成特定的评估任务；评估存在偶发性，包括评估地点及评估人员在内的限制性资源使这些方法的可拓展性很差；这些方法容易受到回忆错误及主观偏见的影响。数据表型则提供了持续性的评估监测机制，使用随身携带的电子设备获得有关患者行为、认知或经历上发生变化的信息，将给医生带来更多时间来防治那些风险最高的患者，或许还能更密切地观察他们，甚至尝试治疗以减少心理障碍发作的概率。

最后，对于疾病治疗方案的评估，从可穿戴设备、移动设备、社交媒体等获得的数据中收集到的治疗效果信息是对传统疗效评估的重要补充。通过一个神经内科在线跟踪疾病社区成员的数字表型的案例研究证实，锂盐在减缓肌萎缩侧索硬化症患者的疾病进展方面缺乏有效性。这些发现后来被复制到几个更慢、更昂贵的随机对照试验中。而通过在线跟踪心理障碍社区成员的数字表型来评估治疗方案对患者的疗效，有利于治疗方案的调整及个体化治疗方案的制定。

尽管相较于传统的诊断方法，数字表型存在生态性、持续监测、与现实世界的需求相平行、易于推广等优势，但其应用依旧面临挑战。

首先，把医疗信息上传至应用程序，对患者和临床工作者都有潜在风险。其中的一个问题是——这些医疗信息会被第三方获得。

理论上，隐私法应该阻止精神健康数据的传播。美国已经实施了24年的 HIPAA 法规，规范了医疗数据的共享，而欧洲的数据保护法案 GDPR 在理论上也应该阻止这种行为。但监控机构"国际隐私组织"（Privacy International）于 2019 年的一份报告发现，在法国、德国和英国，有关抑郁症的热门网站将用户数据泄露给了广告商、数据经纪人和大型科技公司,而一些提供抑郁症测试的网站也将答案和测试结果泄露给了第三方。

其次,一些伦理学家担心,数字表型模糊了什么可以作为医疗数据分类、管理和保护的界限。如果日常生活的细节是我们的心理健康留下的线索,那么人们的"数字化日常"就可以像机密医疗记录中的信息一样,告诉别人其心理状态。比如,我们选择使用的词汇,我们对短信和电话的反应有多快,我们刷帖子的频率有多高,我们点赞了哪些帖子。我们几乎不可能在这些信息中隐藏自己。

有伦理学家表示：这项技术已经把我们推到了保护某些类型信息的传统模式之外。当所有数据都可能是健康数据时,那么健康信息例外论是否还有意义等相关问题就会大量涌现。

最后,通过智能手机或可穿戴设备获得的数字表型必须证明其在临床有效性方面的价值。数据所带来的决策改善及效率的提高是否对降低发病率、复发率及死亡率有所帮助,目前仍无法明确。很少有医学领域可以单独通过监测来提供更好的临床结果。并且目前现有的预测情绪方面的研究,大多是在实验室的设置下或人工环境下对没有心理障碍的普通人进行的研究,被分析的人数有限,且研究时限较短。

综上,尽管数字表型分析具有巨大潜力,但目前数字表型依旧面临隐私领域的风险和诊疗的不确定性。因此,从科学和个人层面减少危害和增加数字表型效益将是数字表型推广的先决条件。

当然,数字表型代表了在心理学和医学的许多领域实施心理诊断的新的有力工具。基于社交媒体、智能手机或其他物联网来源的数字足迹的人工智能分析可用于心理障碍的诊断与精准治疗,这也是人工智能相较于传统心理障碍诊断的无可比拟的优势和潜力所在。

三、人工智能落地影像识别

抗击新冠肺炎疫情推动人工智能从"云端"落地，提高了抗疫的整体效率。抗疫更是成为人工智能在医疗领域的试金石，昭示着人工智能在医疗方面的力量和价值。从应用场景来看，人工智能医疗应用尚在起步阶段，影像识别、远程问诊、健康管理暂处第一梯队。

其中，影像识别作为辅助诊断的一个细分领域，将人工智能技术应用于医学影像诊断中，是在医疗领域中人工智能应用最为广泛的场景。

影像诊疗的概念起源于肿瘤学领域，外延逐步扩大至整个医学影像领域，理解医学影像、提取其中具有诊断和治疗决策价值的关键信息是诊疗过程中非常重要的环节。

过去，"医学影像前处理+诊断"需要 4～5 名医生参与，然而，基于人工智能的影像诊断，训练计算机对医学影像进行分析，只需 1 名医生参与质控及确认环节，这对提高医疗行为效率大有裨益。

人工智能在医学影像领域得以率先爆发与落地应用，主要是由于影像数据的相对易获取性和易处理性。相比于病历等跨越三五年甚至更长时间的数据积累，影像数据仅需单次拍摄，几秒钟即可获取，一张影像片子即可反映病人的大部分病情，成为医生确定治疗方案的直接依据。

医学影像庞大且相对标准的数据基础，以及智能图像识别等算法的不断进步，为人工智能医疗在该领域的落地应用提供了坚实基础。

从技术角度来看,医学影像诊断主要依托图像识别和深度学习这两项技术。依据临床诊断路径,首先将图像识别技术应用于感知环节,将非结构化影像数据进行分析与处理,提取有用信息;其次,利用深度学习技术,将大量临床影像数据和诊断经验输入人工智能模型,使神经元网络进行深度学习训练;最后,基于不断验证与打磨的算法模型,进行影像诊断智能推理,输出个性化的诊疗判断结果。

从落地方向来看,目前,中国人工智能医学影像产品布局的方向主要集中在胸部、头部、盆腔、四肢关节等几大部位,以肿瘤和慢性病领域的疾病筛查为主。

在人工智能医学影像发展应用初期,肺结节和眼底筛查为热门领域,近两年随着技术不断成熟迭代,乳腺癌、脑卒中和围绕骨关节进行的骨龄测试也成为市场参与者重点布局的领域。另外,人工智能医学影像参与到新冠肺炎病灶定量分析与疗效评价中,成为提升诊断效率和诊断质量的关键力量。

如果说影像数据的相对易获取性和易处理性是人工智能在医学影像得以率先爆发与落地应用的主要原因,国家政策的支持和资本的大量入场则给了人工智能在医学影像领域中的应用持续更新的动力。

从政策加码来看,2013 年至 2017 年,我国政府各部门出台多项政策,不断加大对国产医学影像设备、第三方独立医学影像诊断中心、远程医疗等领域的支持力度。

除了政策的支持,资本投入也为人工智能医学影像的持续发展添加动力。根据 Global Market Insight 的数据报告,从应用划分的角度来说,人工智能医学影像市场作为人工智能医疗应用领域第二大细分市场,将以超过 40% 的增速发展，在 2024 年达到 25 亿美元规模，占比达 25%。

就人工智能医学影像而言，目前人工智能企业可行的商业模式包括两种：一是与区县级基层医院、民营医院、第三方检测中心等合作，提供影像资料诊断服务，并按诊断数量收取费用，也就是与医院方共同提供医学影像服务并采取分成模式；二是与大型医院、体检中心、第三方医学影像中心及医疗器械厂商合作，提供技术解决方案，一次性或者分期收取技术服务费。

目前，中国已有超过百家企业将人工智能应用于医疗领域，其中的大部分企业涉足医学影像领域，远高于其他应用场景的企业数量。从市场竞争格局来看，中国人工智能医学影像领域的市场参与者众多。既有 GE 医疗、乐普医疗等传统医疗器械公司、也有谷歌、IBM、阿里巴巴、腾讯等科技巨头，以及依图医疗、深睿医疗、数坤科技、推想科技等初创公司，不同类型的市场参与者在资金支持、市场拓展、产品设计、技术研发等方面各具优势。行业内虽然尚未形成垄断型企业，但经过多年市场竞争与优化，各细分领域已有领跑的头部企业出现，行业梯队之间的差距逐渐显现，部分头部企业已完成 C 轮融资，并围绕核心产品进行技术与经验迁移、病种与产品管线拓展、全球化布局等，进一步强化竞争壁垒。

当然，在技术、政策和资本的支持成为人工智能医学影像发展的动能的同时，人工智能医学影像发展也受技术、政策和资本的限制。

然而，医疗事关生命，即使存在 1% 的漏诊也有可能造成巨大伤害，只有零假阴性，才能真正帮助医生省时省力。此外，人工智能医学影像诊断在落地应用上还未成熟，行业集中商业化爆发阶段尚未到来。需要对患者的付费习惯进行培养，以及完善医保政策。但不可否认的是，作为主导新一代产业变革的核心力量，从长远来看将有效缓解医疗资源压力，人工智能在医疗方面展示出了新的应用方式，在深度融合中又催生出新业态。

第二节　人工智能与金融

随着科技创新的力量不断迸发，以科技推动产业发展、加快经济社会数字化转型升级成为全球共识。

其中，金融科技化成为社会的关注点，金融与科技相互融合，创造出新的业务模式、应用、流程和产品，催生出新的客户关系，对金融机构、金融市场、金融服务产生了深刻影响，更因为互联网巨头的入局与布局，在过去的 2020 年被持续热议。

金融科技的发展离不开底层技术的发展，而人工智能则作为新一轮科技革命和产业变革的重要驱动力量，在金融科技化的过程中发挥着无可替代的作用。可以说，人工智能技术与金融业深度融合是金融科技大方向所指，用机器替代和超越人类部分经营管理经验与能力也将引领未来的金融模式变革。

一、智能金融颠覆金融生产

当下，人工智能已经嵌入社会生活的各个方面，更是与金融具有天然的耦合性。智能金融的发展有利于国家抢抓人工智能的发展机遇，占领技术制高点，尤其是金融业的特殊性，势必对人工智能技术提出新的要求和挑战，这反过来将进一步推动人工智能技术的突破与升级，提高技术转化效率。人工智能融合金融的意义不言而喻。

与此同时，人工智能技术综合运用金融科技的大数据、云计算、区块链等技术，为未来金融业的发展提供无限可能，是对现有金融科技应用的进化与升级，对金融业的发展将产生颠覆性变革。

就中国而言，智能金融的发展将有利于加强金融行业的适应性、竞争力和普惠性，极大地提高金融机构识别和防控风险的能力和效率，推动中国金融供给侧结构性改革，增强金融服务实体经济和人民生活的能力。

此外，与互联网金融、金融科技相比，智能金融更具革命性的优势还在于对金融生产效率的根本性颠覆。人工智能固然要高度依赖大数据与云计算，但是与数据深度挖掘的运用不同，人工智能技术系统是用传感器来模仿人类感官获取信息与记忆的，用深度学习和算法来模仿人类逻辑和推理能力，用机器代替人脑对海量数据快速处理，从而超越人脑的工作。这也将更精准高效地满足各类金融需求，推动金融行业变革及跨越式发展。

从现阶段的智能金融来看，在前台应用场景里，人工智能已然朝着改变金融服务企业获取和维系客户的方式前进。尽管金融服务企业已经在数据的使用上进行了有效的尝试，但人工智能依然为市场的重大创新提供了机会，包括智能营销、智能客服、智能投顾等。

比如，智能投顾就是运用人工智能算法，根据投资者风险偏好、财务状况和收益目标，结合现代投资组合理论等金融模型，为用户自动生成个性化的资产配置建议，并对组合实现持续跟踪和动态再平衡调整。目前，全国范围内，智能投顾已有试点，全面推广则有待继续探索。

相较于传统的人工投资顾问服务，智能投顾具有不可比拟的优势：一是能够提供高效便捷的广泛投资咨询服务；二是具有低投资门槛、低费率和高透明度；三是可克服投资主观情绪化，实现高度的投资客观化和分散化；四是提供个性化财富管理服务和丰富的定制化场景。

人工智能不仅仅适用于前台工作，它还为中台和后台提供了令人兴奋的变化。其中，智能投资初具盈利能力，发展潜力巨大。一些企业运用人工智能技术不断优化算法、增强算力，实现更加精准的投资预测，提高收益，降低尾部风险。通过组合优化，在实盘中取得了显著的超额收益，未来智能投资的发展潜力巨大。

智能信用评估则具有线上实时运行、系统自动判断、审核周期短的优势，为小微信贷提供了更高效的服务模式，已在一些互联网银行中广泛应用。智能风控则落地于银行企业信贷、互联网金融助贷、消费金融场景的信用评审、风险定价和催收环节，为金融行业提供了一种基于线上业务的新型风控模式。

尽管人工智能与金融的融合目前整体仍处于"浅应用"的初级发展阶段，以对流程性、重复性的任务实施智能化改造为主，但在人工智能技术应用从金融业务外围向核心渗透的阶段，其发展潜力已经彰显，而人工智能技术的进步必然带来金融生活的完全自动化。

二、风险与挑战并存

人工智能与金融的融合让原有的金融服务体系进入从由"人"服务到由"机器"服务的时代，但智能金融在给行业带来无尽惊喜与期望的同时，也在不断挑战既有的法律、伦理和秩序。

比如，由于数据质量或算法的瑕疵引起投资者亏损的可能。其中，智能金融依赖于算法，而算法出现的过度拟合等程序性错误则可能引发蝴蝶效应，造成系统性风险。

与此同时，智能金融的"尾部效应"和"网络效应"，使金融机构得以增强获客能力、提高风控水平、降低成本，但两个效应叠加增加了金融体系的复杂性，将有可能放大风险的传染性和影响面，诱发更大的"羊群效应"，放大金融的顺周期性。

此外，金融决策依托于对大数据的智能处理，令个人隐私保护和数据安全问题凸显。算法的不透明性则可能带来歧视性，当数据不完整、不具代表性、出现偏差时，则会影响决策结果。因此，金融机构有义务了解人工智能系统，以及可能对客户产生的潜在负面影响，并要为算法造成的歧视承担责任。

面对智能金融应用带来的问题，则需要政府、市场及社会形成多元、多层次的治理合力，降低智能金融的风险，最大限度地促进人工智能技术带来的生产力解放，享受科学与理性决策的成果。

一方面，智能金融需遵守人工智能治理的一般原则，同时要考虑金融领域应用的特殊性，坚持创新应用与风险防范并重。一是要鼓励支持人工智能技术与金融产业模式的创新，二是要采取有效的监管措施。

从 2019 年至今，中国人民银行和中国银保监会发布的涉及人工智能在金融领域应用的相关政策和指导意见中，政策方向主要集中于监管收紧、技术促进和中小微企业贷款服务三方面。事实上，近年来，金融业务触网程度不断加深，业务场景日趋复杂，边界逐渐淡化，在繁荣发展的同时也为金融监管带来了挑战，P2P 行业暴雷后，监管部门更加坚定了监管愈严的大方向。

同时，本着"堵不如疏"的原则，在监管力度加大的同时，监管创新也在跟进。2020 年 1 月，中国人民银行发布了《金融科技创新监管试点应用公示（2020 年第一批）》，以"监管沙盒"的形式通过沙盒工具，在模拟场景中对人工智能、区块链等技术与银行 API 接口开放等模式，以及金融业务中的应用进行弹性监管实验，降低了运营风险和技术不确定性带来的隐患，以试错的方式探寻金融科技下的监管更优解。

从趋势上看，监管仍将坚持收紧和创新两手抓的方针，对金融科技公司的业务范畴、数据规范等保持严格的监督，对新技术、新模式持审慎的态度，科技公司将脱离金融服务业务，更加聚焦于技术输出。

另一方面，目前全球许多机构已经开始研究相应的对策以应对智能金融的伦理问题。美国银行成立委员会研究如何保证用户隐私。谷歌建议采用以人为中心的设计方法，使用多种指标来评估和监控，并广泛检查数据情况，以发现可能的偏差来源。加拿大财政部发布指导文件概述了使用人工智能的质量、透明度和公共问责制。

智能金融的发展需要明确的指导方针和保障措施，以确保该技术的合理开发和使用，包括算法公平性和可解释性、稳健性等。

智能金融应用机构必须确保负责处理数据或开发、验证和监督人工智能模型的员工拥有相应的资格和经验，了解数据中可能存在的社会和历史偏差，以及如何充分纠正这些偏差。金融机构还需构建内部政策和管理机制，以确保算法监控和风险缓解程序充足及透明，并定期审查和更新。

金融服务的未来在于其充分应用并受益于新技术的能力。人工智能是一项新技术，它将使金融服务企业的前台和后台都产生颠覆性的变化，在金融市场的结构和监管方面产生重大转变，并在社会伦理道德方面提出急需解决的重大挑战。

理解和接受人工智能必然要经历一个长期的螺旋上升的过程，这是一段受经济、社会及政治变革影响的过程，也是一段没有任何一家企业可以独自完成的过程。而没有什么比协作努力更能战胜这些挑战并解锁人工智能为企业和社会带来的最佳利益。

第三节　人工智能与制造

无农不稳，无工不强。作为真正具有强大造血功能的产业，加工制造业对经济的持续繁荣和社会稳定举足轻重。

工业的发展让人类有更大的能力去改造自然并获取资源，其生产的产品被直接或间接地运用于人们的消费，极大地提升了人们的生活水平。可以说，自第一次工业革命以来，工业就在一定意义上决定着人类的生存与发展。

然而，兴也工业，衰也工业。近年来，由于发达国家的产业空心化和发展中国家的产业低值化，加工制造业困局显现，发达国家大批工人失业且出现贸易逆差，发展中国家产业利润和环境不断恶化。大量制造业企业面临生存危机，制造业企业的数字化、网络化、智能化转型升级迫在眉睫。

与此同时，随着人工智能技术的突飞猛进及其在消费流通领域的广泛应用，越来越多的制造业企业与人工智能企业把目光投向了"人工智能+制造"。但就目前来看，"人工智能+制造"依然存在动力不足的困境，制造业的人工智能之路仍然漫长。

一、"人工智能+制造"困境犹存

人工智能技术赋能的制造业具有极大的潜力。人工智能与相关技术结合，可优化制造业各流程环节的效率，通过工业物联网采集各种生产数据，再借助深度学习算法处理后提供建议甚至自主优化。

从人工智能在制造业的应用场景来看，主要包括产品智能化研发设计、在制造和管理流程中运用人工智能提高产品质量和生产效率，以及供应链的智能化。

在产品研发、设计和制造中，人工智能既能根据既定目标和约束利用算法探索各种可能的设计解决方案，进行智能生成式产品设计，又能将人工智能技术成果集成化、产品化，制造出如智能手机、工业机器人、服务机器人、自动驾驶汽车及无人机等新一代智能产品。

对于生产制造来说，人工智能嵌入生产制造环节，将使机器更加聪明，不再仅仅执行单调的机械任务，而是可以在更多复杂情况下自主运行，从而全面提升生产效率。

在智能供应链上，需求预测是供应链管理领域应用人工智能的关键。通过更好地预测需求变化，企业可以有效调整生产计划、改进工厂利用率。此外，智能搬运机器人将实现仓储的自主优化，大幅提升仓储拣选效率，降低人工成本。

但不论是智能化研发设计、生产制造，还是智能供应链，制造数字化都是"人工智能+制造"的基础。然而，中国制造业信息化水平参差不齐，且制造业链条远比其他行业复杂，更强调赋能者对行业背景的理解，这都造成了制造业的人工智能赋能相比其他行业门槛更高、难度更大。

制造业是一个庞大的产业，复杂而割裂是它的历史特征。同一个厂房里，往往有好几种来自不同厂家的生产设备，这些设备往往采用各自的技术和数据标准，彼此并不能直接连通和交互。不同的工厂乃至不同的制造业企业，差异就更大了。这样的差异使得传统制造业信息化难度大、效率提升有限。

尽管人工智能技术在制造业的部分环节与流程中已经有了一定程度的应用，但整体渗透率仍然处于较低水平。根据中国信通院的测算，2018 年中国工业数字化经济的比重仅为 18.3%。在制造业整体数字化水平偏低的背景下，人工智能技术在制造业数字化经济中的渗透率显然更低。

此外，人工智能的价值仍然难以被准确衡量，部分企业尤其是中小企业应用人工智能的动力不足。究其原因，应用人工智能领域的部分技术往往以提高品牌、增加产品赋能，从而提高利润率或以内部降低运营成本为目标。但由于中小企业的体量较小，往往以生存为最低目标，如果需要去打开市场，则大多数选择从开源节流出发。

换言之，中小型制造业企业打造智能系统，关注的是效率，但得到效率的同时却是以大量成本为代价的。也就是说，并没有真正在效率和成本之间找到平衡点。而即使第一梯队的大型企业，对于一些细分行业的人工智能应用路径也尚不明晰，应用风险、收益和成本难以准确核算，短时间内无法给出切实的解决方案。加之多年的产能过剩，尽管数据量巨大，但想要实现智能化也需要漫长的时间。

二、从"机器换人"到"人机协同"

制造业的智能化过程，与过去的制造业的自动化仍有实际差异，智能化并不等于自动化，更不等于无人化，而如何走向智能化，则关系到求解现阶段的人工智能制造的困境，以及加工制造业转型升级的真正落地。

自动化追求的是机器自动生产，本质是"机器换人"，强调大规模的机器生产；而"智能化"追求的是机器的柔性生产，本质是"人机协同"，强调机器能够自主配合要素变化和人的工作。

可见，智能化一定不等于无人化。在推动智能制造的过程中，只有通过机器和人的共融，推动这种决策思考的变化，才能让人的工作能力和方向得以拓展，让机器的赋能实现最大化。

因此，"人工智能+制造"所追求的，不是简单的"机器换人"，而是将工业革命以来极度细化甚至异化的工人流水线工作，重新拉回"以人为本"的组织模式，让机器承担更多简单重复甚至危险的工作，而人承担更多的管理和创造性工作。

显然，想要实现人机共融的加工制造智能化，必然要经历从人到机器的过程。只有当机器融合了更多的智能可能，才有可能拓展更多的能力。工业机器人的应用是这一阶段的重要标志，工业机器人作为工业化和信息化的完美结合，以其天然的数字化特性，打通了从单个生产设备到整个生产网络的连接，进而支撑起第四次工业革命的应用场景。

如果说，过去二十年间互联网发展连接了智能时代下的每一个人，那么未来二十年，工业智能化发展将会连接每一台工业机器人，从而带来生产效率乃至生产方式的全面革新。

但在实现从人到机器的过程中，工业机器人还需要具有能够在复杂和非典型的环境里与人进行互动的属性，只有灵活和便捷才能满足人机共融的发展条件，对制造业智能化做全面的部署。此外，对于机器的部署还应具有可拓展性，即需要搭载更多的智能化平台来拓展工业制造的应用场景。

当前，人工智能与制造业深度融合的时机尚未成熟，人工智能更多的是解决产业链的单点问题，而加工制造业的人工智能化解决的却是整条业务链的问题，制造业的人工智能之路仍然漫长。

第四节　人工智能与零售

自 2016 年新零售概念诞生以来，几年时间里，各种项目如雨后春笋般涌现。以阿里巴巴和腾讯为首的互联网巨头对线下实体商业领域进行投资布局，如阿里巴巴的盒马鲜生、京东的 7FRESH、美团的掌鱼生鲜及永辉的超级物种等。

但是，任何新业态在发展中都不可避免地出现问题，新零售也不例外。经过 2017 年高涨的投资热潮后，2018 年中国新零售融资数量明显回落，出现了无人零售商户大规模倒闭的现象。进入 2019 年，曾经风头十足的新零售业态逐渐归于理性，直到 2020 年随着"直播带货"的走红，一系列云产业的发展加速了数字经济的发展，再一次给新零售的发展提供了更多的驱动力。

一、零售进化史

回顾过去，中国的零售业发展经历了漫长的过程，从传统零售业到互联网电商，分分合合。

20 世纪 90 年代之前，中国零售业的形式是商店，基本上都是专业店，专业店的重组形成了百货公司。进入 20 世纪 90 年代，在零售市场上，连锁超市占据了主流地位，同时不乏现代专业店、专业超市和便利店等业态存在。在这个阶段，较之国外的连锁超市，中国的超市规模较小。数据显示，在 2000 年，中国最大的华联超市的销售额仅为同时期美国沃尔玛超市的 1/80。同时，各连锁超市之间的竞争愈发激烈，使市场不得不进入整合期。

2000 年前后，大型综合超市、折扣店出现，以家乐福为代表的国外零售企业进入中国市场，中国零售业市场拉开了新的战局。2000 年之后，中国的大型超市数量猛增，购物中心也开始出现并发展，并逐步形成集娱乐、餐饮、服务、购物、休闲于一身的综合性购物中心，使中国的零售业呈现繁花似锦的局面。

然后，互联网及电子商务的发展对中国传统零售业造成了严重的冲击，很多实体店纷纷关门、部分百货商店倒闭。2013 年前后，受移动互联网影响，消费者的消费习惯和消费观念发生了变化。在这个时期，线上零售业火爆，线下店萧条。并且，电子商务的重心开始从 PC 端朝移动端转移。

2015 年，电子商务进入了稳定发展阶段。此时，受"互联网+"和

"O2O 模式"的影响，很多线下零售企业开始探寻与电商的融合发展之路。2016 年以来，中国的零售业局面出现了很大的波动，纯电子商务的流量红利逐渐消失。2017 年成为中国新零售发展的元年，以阿里巴巴和腾讯为首的互联网巨头对线下实体商业领域进行大量投资，打造了诸多新物种。

到底什么是新零售？马云对其做出的解释是：只有将线上、线下和物流结合在一起才能产生真正的新零售。即本质上通过数字化和科技手段，提升传统零售的效率。

新零售升级改造的方法论被越来越多的行业巨头所采纳，并形成行业大趋势。盒马鲜生是阿里巴巴对线下超市完全重构的新零售业态。以盒马鲜生为代表的新零售范本，基本具备了阿里巴巴新零售的所有特征，成为阿里巴巴新零售的标杆业态。消费者可到店购买，也可以通过盒马鲜生 App 下单。而盒马鲜生最大的特点之一就是快速配送：门店附近 3 千米范围内，30 分钟送货上门。

二、新零售是一次服务的革命

新零售的产生和发展是由多方因素共同驱动的，既包括消费升级、技术进步等外生因素，又包括零售行业内部转型等内生因素。

从外生因素来看，受经济发展、居民收入和人口迭代的影响，中国居民的消费主力正在发生转变。

根据财富结构，虽然在贸易摩擦的冲击下，中国居民可支配收入均值的增速未有提振，但是可支配收入的中位数增速却逆势上升。这表明，在脱贫攻坚战、区域协同发展等战略的推动下，收入分配的均衡性得到显著改善，中低收入人群相对更高的边际消费倾向有望得到有效满足。

对于人口结构，"90后"和"00后"分别开启事业家庭的成熟期和学习成长的黄金期，个人和新家庭的刚性消费需求步入涨潮期。这一人口总量高达3.35亿人的新世代成长于中国经济的繁盛时代，具有更高的边际消费倾向、更强的自主消费能力、更多元化的品质消费需求，也更加重视零售商在内容和服务上的延展性。

当然，新零售的产生和发展离不开技术的加持，新一轮的信息化浪潮颠覆了产业生态链，云计算、大数据、物联网、人工智能、VR/AR等新一代信息技术已经成为引领各领域创新的重要动力。就零售行业而言，技术进步推动零售领域基础设施（如流量、物流、支付、物业）的全方位变革，使其可塑化、智能化和协同化，最终实现成本的下降和效率的提升。

从整条零售产业链来看，数字化技术的发展为各环节（生产环节—物流环节—销售环节）增添了新功能。在生产环节，商品数字化可以大幅提升商品的触达性，让消费者更多地参与商品的设计；在物流环节，消费场景数字化打通了商户和消费者的信息渠道，使消费者需求可识别、可触达、可洞察、可服务，结合场景信息有效调配上游资源，提升消费链条的服务效率；在销售环节，消费体验数字化使消费者可以充分了解消费信息、物流信息，另外，VR/AR技术可以为消费者提供更好的消费体验。

从内生因素来看，线上零售红利消失和实体零售亟待转型给新零售创造了发展的空间。

电子商务对传统零售的冲击令实体零售企业普遍存在经营压力，社会消费品零售总额增速持续下滑,全国百家大型零售企业的零售额累计同比增速也在小幅增长和下滑间震荡徘徊。增长乏力之下,实体零售企业迫切需要转型和创新,而新零售无疑给实体零售提供了新途径,更符合消费升级的社会现状,带动了线下市场的新消费。

三、人工智能助力新零售

多方因素驱动下,新零售已是数字时代的必然趋势。而受益于零售行业的数字化转型,人工智能已渗透到零售行业的各个价值链环节中。随着各大零售企业加入,电商企业和科技企业加紧布局,人工智能在零售行业中的应用从个别走向聚合。

首先,人工智能在客户端实现了个性化推荐,让商家对产品和推广策略的快速调整成为可能。针对客户群体管理方面,零售商们都在打造高效、便捷、个性化的购物体验。"人工智能+新零售"通过收集和分析客户行为数据,对客户进行个性化推荐,使客户可以快速找到其想要的物品。随着大量的消费数据积累,商家可以对产品研发和推广策略进行再调整。越是了解客户行为和趋势,就越能精准满足客户需求。人工智能可以帮助零售商改进需求预测,做出定价决策、优化产品摆放,最终让客户在正确的时间、正确的地点与正确的产品产生联系。

其次,人工智能助力零售业提升供应链管控效率。在货物供应链管控方面,计算机视觉技术可以帮助零售商实现商品识别、物损检测、结算保护等功能,这使得零售商在降低人工成本的同时提升仓储管理的效率,消除各个环节的数据孤岛效应,收集店铺、购物者和产品的全面细节化数据,这有助于零售商改善对库存管理的决策。此外,人工智能还可以快速识别缺货商品和错误定价，提醒员工库存不足或物品错位，以便实现及时补货。

最后，"人工智能+新零售"的模式还将依托用户体验重新定义零售场景，长期来看具备成本优势。零售行业从业人员的劳动效率（商品销售额/零售业从业人数）从 2018 年起呈下跌趋势。计算机视觉技术和自然语言处理技术的不断推进，可以改变现有售后人工成本高、效率低的问题。可以预见，未来的新零售场景会是一个高度语境化和个性化的购物场景。

以人工智能应用为代表的新零售概念处于增长的上升通道，目前保持较高增速。当然，新零售依旧处于摸索阶段，和任何一次互联网创新一样，仍然面临重重挑战。

首先，新零售涉及线上平台和线下实体商业两类经营主体，在运营系统、营销策略及商品布局等方面都存在差异，线上线下合作的理想模式是线上平台将顾客引流至线下，线下实体店为顾客提供各种服务，弥补线上购物存在的缺陷，但是二者作为完全独立的运营主体，在融合过程中容易出现渠道间产品、价格和物流等方面的冲突。

其次，运营成本过高导致盈利困难。新零售的发展无论是线下打造体验店还是发展新物流配合线上，都要投入大量的人力、财力、物力，这对于新零售企业而言无疑是巨额成本。目前来看，大部分新零售项目还是亏损的。因此，在新零售模式的探索上，很多线下零售企业受制于财务压力，只能接受风险较低、已经跑通的改造升级模式。

最后，新零售还面临区域扩张带来的运营问题。对于很多新零售门店来说，只有扩张才能快速获得更多用户。但是，快速扩张在实现规模发展的同时，也为员工和产品管理带来了考验。

新零售作为数字经济的一个重要组成部分，只有真正深入而全面地发展，才会打破零售的界限，影响更多的领域和环节。从当下的发展情况来看，新零售已经不再是电子商务的专利。物流、房地产、医疗等诸多行业都在讲新零售，都在通过新零售的方式进行深度赋能。随着新零售的逐渐铺开，未来还将在更多的方面看到新零售类型的出现，也将会有更多的行业与新零售产生联系。

第五节　人工智能与农业

自古以来，农业就是人类赖以生存的根本，是国民经济的基础。然而，随着人口的快速增长、耕地面积的逐步缩减及城镇化的加速推进，农业面临的挑战日益严峻。为此，国内外都在探索通过信息技术来促进农业提质增效，其中以人工智能为基础的智慧农业新模式得到了迅速发展。

我国对粮食安全问题、农产品质量安全问题高度重视。改革开放至今，中国农业发展水平大幅提高，但同时面临着土地资源紧缺、农业产业化程度低、农产品质量安全形势严峻、农业生态环境遭到破坏等问题。如何在资源紧缺的同时稳步提高农业发展水平，实现农业可持续发展，成为中国经济社会发展中面临的重大命题。当前，如何通过人工智能技术提高生产力，已经成为农业领域的研究与应用热点。

一、从粗放到精准的农业

广义的农业主要为种植业、林业、畜牧业、渔业及农业辅助性活动五大行业。目前，人工智能与农业的融合主要集中于精准农业、精准养殖和设施农业三大领域。

精准农业是20世纪80年代初国际农业领域发展起来的一门跨学科的新兴综合技术，人工智能、物联网、"3S"、大数据等新一代信息技术与农业生产的跨界融合，按照农作物生长的田间每一个操作单元上的具体条件，根据作物生长的土壤性状，调节对作物的投入。即一方面，查清土壤性状与生产力空间变异，另一方面，确定农作物的生产目标，进行定位的"系统诊断、优化配方、技术组装、科学管理"，调动土壤生产力，以最少的或最节省的投入实现同等收入或更高的收入。

精准养殖是指在畜牧养殖领域实现饲料精准投放、疾病自动诊断、废弃物自动回收等智能设备的开发利用和互联互通，创新基于互联网平台的现代畜牧业生产新模式。比如，大型自动化鸡场运用人工智能、物联网、大数据技术建立自动化养鸡生产线、自动清理粪便系统、智能化捡蛋系统和智能化分拣系统。

设施农业是近年来迅速发展起来的具有较高集约化程度的新型农业产业，是现代农业的重要组成部分。通过物联网，采集温室内的空气温湿度、土壤水分、土壤温度、二氧化碳浓度、光照强度等实时环境数据，利用计算机、手机实现对温室大棚种植管理智能化调温、精细化施肥，可达到提高产量、改善品质、节省人力、提高经济效益的目的，实现温室种植的高效和精准化管理。

1974年，日本就开始对人工光植物工厂进行研究。日本最大的植物工厂 Spread 公司每天可以收获近25000株生菜，年产量约900万株。目前，植物工厂已成为全球尤其是经济发达地区解决人口资源环境及食物数量与质量安全等突出问题、发展现代农业的重要途径。

二、打造农业信息综合服务平台

打造农业信息综合服务平台是人工智能在农业方向的另一项重要应用。

大数据人工智能技术深度融合农业全产业链数据资源，构建多源异构数据深度融合的农业信息综合服务平台，将为农业产前、产中、产后提供智能决策服务。比如，通过深度学习提供农作物病虫害图像识别诊断，通过构建农业技术知识图谱提供农技智能问答服务和智能诊断服务，提供农产品价格实时预警和语音互动问答，提供农产品供求预警分析和智能匹配交易服务等。人工智能可实现农业信息服务智能决策，以计算机辅助人脑，在某些方面替代人脑决策；实现农业信息服务智能语音精准推送服务；建设核心农作物单品数据库、知识图谱、作物生长模型等决策模型，并与物联网智能数据、无人机数据、卫星数据等深度融合，提供全产业链信息指导决策。通过大数据人工智能技术赋能农业信息服务向纵深发展，实现农业信息综合服务高效便捷和自助化。

此外，利用人工智能、互联网技术搭建电商平台进行在线营销，能够最大限度地利用线上线下一体化的优势高效整合信息资源，降低农业生产成本，改善供应商与农户的关系。

比如，采用智能手机 App、微信等电子商务平台，建立线上和线下（O2O）相结合的农产品交易平台。同时，基于物联网和移动网技术对农业生产、流通过程的信息管理和农产品质量的追溯管理、农产品生产档案（产地环境、生产流程、质量检测）管理、建立基于网站和手机短信平台的农产品质量安全溯源体系，可实现"从田间到餐桌"的全程质量和服务的追溯，提升可溯源农产品的品牌效应，确保农产品的质量安全。

当前，对于农业领域大数据时代下人工智能技术的研究尚属起步阶段，还有诸多问题亟待解决。但在大数据盛行的时代，如何运用人工智能技术从海量农业数据中发现知识、获取信息，寻找隐藏在大数据中的模式、趋势和相关性，揭示农业生产发展规律及可能的应用前景，值得人们进行深入的探索与研究。

第六节　人工智能与城市

随着新基建的加速推进，围绕智慧城市的技术、政策、生态正在成为全球每一个经历科技革命洗礼的城市的共同命题。如今，对于一座城市而言，应该讨论的已不是"要不要发展智慧城市"，而是当智慧城市浪潮来临时，如何把握从数字化、智能化到智慧化的未来城市航向。

智慧城市是人工智能应用场景最终落地的综合载体，随着人工智能等前沿技术的融入，城市基础设施得到了创新升级，将全方位助力城市向智慧化方向发展。同时，伴随着城镇化进程的不断加快，中国城市发展目前遇到人口密集、能源结构单一、资源配送效率低、交通物流风险大、垃圾回收利用率低、空气质量不佳等痛点，也从另一个方面催生了对人工智能产业发展的要求。

一、智慧城市不是简单的智能城市

智慧，通常被认为是有着生命体征和诸多身体感知的生物（人类）的特点，因此，智慧城市就好像被赋予了生命的城市。事实上，城市本身就是生命不断生长的结果，"智慧城市"是一个不断发展的概念。

智慧城市最初被用来描绘数字城市，随着智慧城市概念的深入人心和在更宽泛的城市范畴的不断演变，人们开始意识到智慧城市实质上是通过智慧地应用信息和通信技术及人工智能等新兴技术手段来提供更好的生活品质、更加高效地利用各类资源，实现城市可持续发展的目标。

智慧城市的技术核心是智能计算（Smart Computing），智能计算具有串联各个行业的可能，如城市管理、教育、医疗、交通和公用事业等，而城市是所有行业的载体。因此，智能计算将是智慧城市的技术源头，将影响城市运作的各个方面，包括市政、建筑、交通、能源、环境和服务等，涵盖面非常广泛。

要让城市更智慧，关键在于如何利用信息通信技术创造美好的城市生活和环境的可持续，实现的途径包括提升经济、改善环境、强化并完善城市治理，与城市空间相关的是提升交通（机动性）的效率，核心问题是社会和人力资源的智能化。

二、人工智能建设未来城市

人工智能是建设未来城市的重要技术之一，为了解决目前城市发展中遇到的一系列痛点，引领城市实现健康舒适、碳排放不断降低、高安全性、生活高度便利化等美好愿景，可将人工智能技术应用于城市基础设施系统，通过在城市各大综合载体中先行构建，最终推广至整个城市，从而构建完善的智慧城市基础设施系统。

人工智能在城市基础设施系统中的应用主要可分为绿地系统、交通系统、物流系统、循环系统、能源系统等创新系统。

1. 绿地系统

绿地系统是指通过打造城市智慧水资源管理体系，以实时应对全球气候变化对城市水环境造成的影响，最终实现节约循环、环境适应、安全使用的目标。在实施过程中，先行在城市综合载体中开展海绵城市和雨水花园技术的应用，构建城市智慧综合管廊，形成更加成熟的海绵城市运营管理模式。同时，可将绿地系统与垃圾处理系统、能源系统有机结合，贯彻实施循环经济的理念。

2. 交通系统

在未来的智慧城市中，人和城市的需求将作为出发点，积极响应未来人工智能技术的发展，搭建各类交通应用场景，创造更加高效、具有活力、可持续的智能交通出行体系。

由于新冠肺炎疫情，城市的传统交通运转被按下"暂停键"，而以通信网络、人工智能技术为代表的信息服务不仅调节了常规的城市交通网络服务，通过重新组织调配运力，有序恢复了交通运输服务，保障了重点人群出行顺畅，凸显了信息化背景下远程协作模式的潜力，使城市依旧能保持"活力"。

3. 物流系统

自动化流转的物流系统以低成本、高效化和安全化为目标，通过自动化、智能化手段解决物流"最后一公里"难题，提升物流配送效率，降低成本，并显著改善街道交通环境。比如，荷兰城市地下管网中，就在城市综合载体内预留地下物流系统的管道，安装无线充电基础设施。

4．循环系统

进行固废处理的循环系统以资源化、减量化、无害化为目标，依托气力自动系统、垃圾分类中心等设施和技术减少城市温室气体排放，提高可回收资源利用率。

在具体操作层面，可在城市综合载体内建设智慧垃圾分拣、厌氧有机废物发电系统及针对干垃圾和湿垃圾的应用气力输送系统和餐厨处理系统，并结合智能废弃物信息监控管理网络更好的把控和运营。

5．能源系统

可持续的能源系统以高效化、灵活性、可再生为目标，依托分布式能源、废水余热回收热泵、冷热电联产、微电网、蓄能技术等实现能源的节约和循环使用。在具体操作层面，可在城市综合载体内尝试结合废水余热回收热泵、垃圾焚烧发电等技术形成符合循环经济理念的能源链，并优先采用太阳能、风能等可再生能源供给，使用分布式能源供给综合功能片区。

三、在智慧城市形成前

智慧城市的最终目的是建设高品质的城市生活和可持续的城市环境，但显然，中国现阶段的智慧城市建设是不完善的。

智慧城市通过数据来实现对现实社会的映射，只有做到数据完整和流通顺畅，才能在海量数据中捕获有效信息，从而实现智慧赋能发展。在以城市、部门为主体的发展实践中，仍有不少数据存在明显的区域、部门边界，如社保信息、婚姻信息、个人房产信息等仍存储于地方各部门数据库之中，缺乏有效的互通，为实现智慧城市应有的功能设置了障碍。

此外，个人信息安全的保护措施亟待完善，如个人在企业构建的平台中上传信息时，存在如何避免信息被泄露或被企业利用的问题。防止用户信息泄露是智慧城市建设的底线，也是未来城市面临的最大挑战，应从制度和技术两个层面加强设计，对数据进行分类和分层管理，加强重要信息安全的保护力度。

智慧城市为城市的未来发展创造了无限的可能性。时至今日，智慧城市不再只是一种"技术承诺"，而是一种以人为核心的数字社会与现实世界融合互动的"权利接口"，不仅包含了技术能力、政策设计与应用体验的实现，还包含了数字伦理、数字公平及数字素养的规范与提升。

第七节 人工智能与政务

每一次科技革命都对人类政治文明的重大转型举足轻重。

第一次工业革命时期，英国社会形成了以工具理性为基础的准科层制组织，成为世界性的早期治理现代化模板；第二次工业革命产生了新的动力系统，驱动专业化分工和流水线式生产模式的形成，科层制成为全球政府组织的主流形式；第三次工业革命以计算机和信息通信技术为标志，促进了服务型经济和电子政务的产生，以无间隙政府、新公共管理等政府改革为标志对传统科层制组织形式进行了自我调适。

第四次工业革命最显著的特征就在于数字技术的发展和扩散，由此导致物理、数学、生物领域边界的融合，从根本上改变了人们的生活、工作及交往的方式，并且以数据驱动和数字治理为核心特征，影响着政务改革创新。

一、在数字时代建立数字政务

20 世纪中叶开始，数字化革命在全球兴起。在过去的几十年中，随着计算能力的大幅提升和成本的下降，数字技术得到了长足发展，并且在今天已经形成了一个相互依赖和相互作用的数字技术生态系统，包括物联网、5G、云计算、大数据、人工智能等。

显然，每一项技术的发展都蕴藏着无限的发展机会和应用的可能，而技术之间的结合所构成的数字技术生态系统，具有比单一技术发展更强的功能。数字技术生态系统产生了广泛的经济、社会和政治影响，并推动了经济和社会的转型，即数字化转型。

在社会数字化转型背景下，对于以政府为核心的公共部门而言，其面临的压力和挑战更为突出。

一方面是政府公共部门如何更好地发挥其作用和职能，以解决数字化社会所面临的诸多新的问题和挑战，化解新的风险和可能出现的危机，建立一个包容性强、值得信赖的和可持续发展的社会，让每一个人都能够获得社会数字化发展的福利，确保经济、社会、环境的共生和共同发展。

另一方面是政府如何应对数字经济和社会的转型，建立数字政务，为社会创造更大的公共价值。因此，政务的数字化转型是一项系统工程，它既是技术变革，也是流程再造的制度变革。

事实上，政府对于社会数字化转型挑战的不同方面的回应，也对应了数字政务发展的不同方面。更好地发挥政府的作用和职能，即运用大数据、云计算、物联网、人工智能等新兴技术进行治理，提升政务处理能力。

二、人工智能赋能数字政务

人工智能在数字政务的降本增效方面具有突出成果。

中国在城镇化战略的大力推动下，已经成为全球城市化率增长最高的国家之一。2018 年，中国城市化水平达 60%，城市人口数约 7.3 亿，预计 2050 年城市化率将超过 80%，城市人口规模也将进一步扩大。如此大的城市人口数量将产生大量的政务，通过机器人流程自动化（RPA）、人工智能技术的应用，能够将行政人员从固定、重复的工作中解放出来，专注于提升城市质量、优化居民生活环境。

在人工智能赋能一切的背景下，人脸识别、自然语言处理等技术应用能够增强政务能级，提升办公效率，为企业、居民提供便捷、快速的服务，为智能决策提供助力。

其中，政务服务是数字政务建设的核心之一，也是推进速度最快的领域之一。中国各地政府正在通过建设一站式服务平台积极推进政务智慧化。

比如，深圳市公安局将传统的窗口"面对面"排队向网上办理转变，

"刷脸"就可以进行户政办理，同时基本建成全市统一的政务信息资源共享体系，汇集29家单位的385类信息资源、38亿多条数据，为政务服务全面智能化提供数据支持；杭州市构建了一体化的智能电子政务管理体系，数字城管、规划系统、财政系统在电子政务外网得以整合，并提供一站式服务。

在人工智能技术的推动下，政务服务将朝着更具人性化与针对性的方向发展。一方面，面向居民与企业的公共服务将更加符合人的习惯，而非现阶段单纯依靠在线接口；另一方面，人工智能的决策将更加有效，精度大幅提升，处置方案更加灵活。

数字政务是一项"慢工出细活"的系统工程，需要相关主体有针对性地设计符合城市发展的顶层思路，围绕政务数据实现创新最大化。如今，在人工智能技术的盛行下，数字政务已经走到了一个关键节点。

第八节　人工智能与司法

在人工智能带来的技术革命中，把人工智能技术应用到司法审判领域，符合国家战略。通过人工智能对司法审判全流程的录音、录像，将有效实现对使用司法权力的全程智能监控，降低执法的任意性，减少司法腐败、权力寻租的现象。

基于现实层面的需求和技术层面的可能性，人工智能进入司法系统将成为人工智能时代下的必然趋势。事实上，随着近年来中国司法系统改革的日益深化，以人工智能为代表的"智慧法院"作为技术改革的主要体现已经被进一步地予以明确。

一、人工智能回应司法需求

人工智能得以进入司法系统的背后，离不开人类科学技术条件的进步，以及司法理论框架的更新和完善。

一方面，以大数据、互联网、云计算等为代表的数字技术的发展，为人工智能在司法领域的应用提供了技术条件。比如，在机器学习后，通过大数据技术将各个部门的数据进行分类组合，从而进行类案推送等方面的应用。

另一方面，法律形式主义为人工智能技术的进步提供理论支持。法律形式主义把法律法规作为前提，然后进行案件分析，能够对案件的结果做出裁判。其核心在于，法律制度是一个封闭的逻辑自足的概念体系。根据这一原理，机器就可以进行法律推理，对案件做出裁判。

事实上，随着人工智能的发展，将人工智能引入司法系统符合司法实践的需要。在法官审理的案件数量逐渐增多的同时，复杂、新型案件的种类也在增加。在互联网的日益普及和深入应用下，新型样态的社会纠纷频现，如虚拟财产纠纷、数据权利纠纷、信息网络安全案件等，都需要法院的受理。

另外，随着中国法官员额制的改革过程，法官人数不增反降，案件越多，就意味着审理周期越长，降低了案件的审理效率，这不仅不利于中国司法系统的进步，更不利于提高法院的公信力。

除了满足人民日益增长的司法需求，司法体制改革的需要也是人工智能进入司法系统的重要因素。人工智能技术具有数据分析、分类整理及记忆检索等功能，人们可以利用这些功能处理一些简单重复的操作，特别是在处理简单案件的工作中，极大提高了法官的工作效率。

同时，把人工智能与司法体制改革相结合，是中国深化司法体制改革的重要支撑，尤其是在推进以审判为中心的诉讼制度改革中，通过强化数据的深度，把统一的证据标准加入数据化的程序中，有利于提高审判效率，维护社会正义。

人工智能借助于深度学习，可以在非常短的时间内学习完成各种法律法规以及过往代表性的公平、公正的审判案例，并且按照法律规则与程序进行证据的甄别与筛选，然后按照设定的法律规则与证据规则进行审理、裁决。

显然，人工智能司法的推进，除了可以在最大限度上杜绝司法腐败或各种人为因素所造成的司法不公行为，还将优化司法体制配置、缩减不必要且臃肿的行政编制、降低财政负担，并且能借助于人工智能让偏远的地区都能享受公平公正的司法环境。

二、从技术支持到技术颠覆

科技在重塑司法系统的方式上主要有三个层次。首先，在最基本的层次上，技术可以对参与司法系统的人们提供信息、支持和建议，即支持性技术。其次，技术可以取代原本由人类执行的职能和活动，即替代性技术。最后，技术可以改变法官的工作方式并提供截然不同的司法形式，也就是所谓的颠覆性技术，尤其体现为程序显著变化和预测分析可以重塑裁判角色。

当然，就目前来说，大多数受技术支持的司法体制改革都集中于技术创新的第一个和第二个层次——最新的技术发展补充并支持了许多以法院为基础运行的程序。

其中，第一个层次的支持性创新，使人们能够在网络上寻求司法服务，并通过网络的信息系统获取有关司法流程、选择和替代方案（包括法律替代方案）的信息。近年来，可提供"非捆绑式"法律服务的线上律师事务所的增长十分显著。

对于第二个层次的"替代性"技术方法，一些网络信息（包括数字视频）、视频会议、电话会议和电子邮件可以补充、支持和代替许多面对面的现场会议。在这个层次中，技术能够支持司法事务，甚至在一些情况下，可以改变法院举办听证会的环境。比如，线上法院程序已经越来越多地被运用于特定类型的纠纷和与刑事司法有关的事项。

而人工智能与司法的结合直接打开了第三个层次的改变和颠覆。人工智能在建立数据库的背景下，通过应用自然语言处理、知识图谱等人工智能技术，对案件的事实进行认定，然后通过神经网络提取案件的信息，构建模型，运用搜索功能在大量的数据库中找到类似的案件，进行自动推送。

在这样的背景下，人工智能可以多方面地为法官提供支持甚至有可能取代法官。在墨西哥，人工智能已经能够进行较简单的行政决策。比如，墨西哥专家系统在"确定原告是否有资格领取养老金"时就可为法官提供建议。

显然，更重要的问题已经从技术"是否"将重塑司法职能，变成技术会在何时、何种程度上重塑司法职能。时下，人工智能技术正在重塑诉讼事务，法院的工作方式也会发生巨大变化。在不久的未来，更多的法院将会继续建设和拓展在线平台和系统，以支持归档、转送及其他活动。这些变化则进一步为人工智能司法的成长提供了框架。

第九节　人工智能与交通

人工智能的发展，使得与汽车相关的智慧出行生态的价值正在被重新定义，出行的三大元素"人""车""路"被赋予类人的决策、行为，出行生态发生了巨大的改变。强大的计算力与海量的高价值数据成为构成多维度协同出行生态的核心力量。随着人工智能技术在交通领域的应用朝着智能化、电动化和共享化的方向发展，以无人驾驶为核心的智能交通产业链将逐步形成。

一、无人驾驶走向落地

1925 年 8 月，人类历史上第一辆无人驾驶汽车正式亮相。这辆名为美国奇迹（American Wonder）的汽车驾驶座上确实没有人，转向盘、离合器、制动器等部件也是"随机应变"的。而在车后，工程师弗朗西斯·P. 霍迪尼（Francis P. Houdina）坐在另一辆车上靠发射无线电波操控前车。他们在拥挤的纽约，从百老汇一直开到第五大道。这场几乎可以被看作是"超大型遥控"的实验，带着对无人驾驶车机械化的理解，今天依旧不被业界普遍承认。

1966 年，智能导航第一次出现在美国斯坦福大学研究所里，SRI人工智能研究中心研发的 Shakey 是一个有车轮结构的机器人。在它身上，内置了传感器和软件系统，开创了自动导航功能的先河。

1977 年，日本的筑波工程研究实验室开发出了第一个基于摄像头来检测前方标记或者导航信息的自动驾驶汽车。这意味着，人们开始从"视觉"角度思考无人车的前景。导航与视觉一起，让"地面轨道派"寿终正寝。

1989 年，美国卡内基梅隆大学率先使用神经网络引导自动驾驶汽车，即便那辆行驶在匹兹堡的翻新军用急救车的服务器有冰箱那么大，且运算能力只有苹果智能手表的 1/10，但从原理上来看，这项技术和今天无人车的控制策略一脉相承。

与全球的发展节奏相近，20 世纪 80 年代，中国也开始了针对智能移动装置的研究。20 世纪 90 年代初，中国研制出了第一辆真正意义上的无人驾驶汽车。

自 2000 年以来，汽车的智能功能开始出现。GPS、传感器为无人驾驶的出现提供了数据和应用上的支持和准备。从 GPS 的推广开始，各科技公司和汽车厂商进行了大规模个人出行的资料积累，这些数据使人工智能得以通过海量数据学习驾驶要领。传感器在汽车中的应用使汽车具备了局部实时感应和判断的能力。例如，汽车的 ABS、安全气囊和 ESC 等都从功能上辅助了汽车舒适度和安全性的提升。真正的汽车智慧化始于 21 世纪的第二个十年，随着谷歌在人工智能技术上的率先发力，应用于汽车中的人工智能相继出现，主要功能体现在车道变更、停车入库等多个方面。

二、无人驾驶的现况与未来

在对自动驾驶汽车的描述上，SAE 的六个等级分别是非自动化、辅助驾驶、半自动化、有条件的自动化、高度自动化和全自动化。

L0 被称为"非自动化"（No Automation），是驾驶人具有绝对控制权的阶段。

L1 被称为"辅助驾驶"（Driver Assistance），其系统在同一时间至多拥有"部分控制权"，要么控制转向，要么控制加速/制动。当出现紧急情况时，驾驶人需要随时做好立即接管驾驶的准备，并且需要人类对周围环境进行监控。

L2 被称为"半自动化"（Partial Automation）。与 L1 不同，L2 转移给系统的控制权从"部分"变为"全部"，也就是说，在普通驾驶环境下，驾驶人可以将横向和纵向的控制权同时转交给系统，并且也需要人类对周围环境进行监控。

L3 被称为"有条件的自动化"（Conditional Automation），是指由系统完成大多数的驾驶操作，仅当紧急情况发生时，驾驶人视情况给出适当应答。此时，由系统对周围环境进行监控。

L4 被称为"高度自动化"（High Automation），是指自动驾驶系统在驾驶人不做出"应答"的条件下，也可以完成所有的驾驶操作。但是，此时系统仅支持部分驾驶模式，并不适用于全部场景。

L5 被称为"全自动化"（Full Automation），与 L0、L1、L2、L3、L4 最主要的区别在于，系统能够支持所有的驾驶模式。在这一阶段中，可能不允许驾驶人成为控制主体。

从技术的发展来看，目前国内外的智能驾驶技术多处于 L2 至 L3 的水平。值得一提的是，相较 L2，L3 意味着车辆在该功能开启后，将会完全自行处理行驶过程中的一切问题，包括加减速、超车、规避障碍等，也意味着若发生事故，责任认定正式从人变为车。L3 的自动驾驶技术是自动驾驶技术中区分"有人"和"无人"的一条重要的分割线，是低级别驾驶辅助和高级别高度自动驾驶之间的过渡阶段。

无人驾驶的兴起与"人工智能"的蓬勃发展密不可分。将人类驾驶汽车的过程粗略拆分，可以分为几个步骤：先观察周围车辆情况、交通指示灯，然后依据自己的目的地方向，通过加速、制动和转向，进行加速、减速和转弯/变道，以及刹车的操作。这个过程在无人驾驶的研究中被细分为感知层、决策层和控制层。于是，依据推演，传感器、机器及人工智能算法的结合，将完全超越人类驾驶的过程。

然而，这个看似完美无瑕的推演却不得不面临技术的困境，在无人驾驶研究进入深水区的时候，传感器、芯片及数据的问题逐渐暴露。

从无人驾驶的传感器角度，作为外部路况探测的传感器，其收集的信息将作为驾驶决策的输入，是驾驶决策的重要保障。可以说，没有完整的信息就不可能支持决策系统做出正确、安全的驾驶决定。虽然众多的传感器在单一指标上可以超越人眼，但是融合的难题及随之而来的成本困境，成为无人驾驶演进过程中面临的第一个严峻考验。

多传感器的问题也埋下了另一个问题的隐患，那就是芯片的性能。如果需要更全面地了解外部路况信息，就需要部署更多的传感器；更多的传感器就对融合提出了更高的要求，而且在高速的情况下，由于路况信息的变化所带来的数据信息也更为海量。

根据英特尔的测算，一台无人驾驶的汽车配置了 GPS、摄像头、雷达和激光雷达等传感器，每天将产生约 4TB 待处理的传感器数据，如此巨大的数据量必须由强大的计算设备来支撑。而即使是英伟达这样的顶级 GPU 企业，也在算力和功耗的平衡上几乎达到了天花板。所以近年来，专用计算平台更多的走进人们的视野，包括谷歌投入应用的人工智能专用芯片 TPU、中国顶尖创业公司地平线推出的 BPU，特斯拉也在投入巨资进行无人驾驶芯片的研究。在短时间内，这将是无人驾驶要跨越的巨大技术障碍。

除了现阶段面临的技术瓶颈，在后续的商业化开发中，无人驾驶将持续面临商业和技术上的矛盾。从商业逻辑来说，无人驾驶在一二线城市，甚至是城市的中心区域，可以产生最大的商业价值。但是以目前的技术条件来说，无人驾驶无法一步到位进入一二线城市，还需要更多的测试进行验证，以保证安全性和可靠性。简言之，当前的道路测试还不能推动大规模无人驾驶汽车的普及。

上路后的无人驾驶汽车一旦出现事故，将面临用户的信任危机。因此，无人驾驶汽车在城市的郊区（或者新区）进行封闭场地测试及公开道路测试，成了过渡方案。目前，为了保证车辆上路的安全性，无人驾驶汽车必须进行仿真测试和封闭场地测试，并且在此基础上逐渐在开放道路上进行测试。

三、道路被重新定义

在城市化进程中，交通是经济社会发展的命脉。如今，我们的交通方式相比从前已经发生了巨大的变化。无论是出行方式的多样性，还是出行的便捷度、舒适度、安全性，都得到了全方位的提升。但我们依旧面对道路拥堵、停车困难、交通事故频发等诸多问题。

交通系统具有时变、非线性、不连续、不可测、不可控的特点。在过去缺少数据的情况下，人们在"乌托邦"的状态下研究城市道路交通。但随着即时通信、物联网、大数据等技术的发展，数据采集全覆盖、解构交通出行逐渐成为可能，一场交通系统的革命已经到来。

智能交通协同发展成为一种趋势，车辆的自主控制能力不断提高，完全自动驾驶终将实现，进而改变人车关系，将人从驾驶中解放出来，为人在车内进行信息消费提供前提条件。

车辆将成为网络中的信息节点，与外界进行大量的数据交换，进而改变车与人、环境的交互模式，实时感知周围的信息，衍生更多形态的信息消费。

这些基于人工智能的网联汽车的发展，使人们的出行行为将发生极大的改变。在双手可以从转向盘上解放之后，随之解放的时间为娱乐、信息、办公、传媒等应用打开了巨大的内容服务市场。这些新型应用场景将产生足以重塑整个汽车产业、颠覆汽车所有权和流动性等现有概念的力量。

道路将被重新定义，未来的道路将是智能化的数码道路，每平方米的道路都会被编码，用有源射频识别技术（RFID）和无源射频识别技术（RFID）发射信号，智能交通控制中心和汽车都可以读取这些信号包含的信息，而且通过 RFID 可以对地下道路、停车场进行精确的定位。

依据科学技术发展的趋势，未来的道路交通系统必然打破传统思维，侧重体现人类的感应能力，车辆智能化和自动化是最基本的要求，因交通事故导致的人员伤亡事件将很难见到，路网的交通承载能力也会大幅提升。当然，这一切得以实现的基础，是必须确保通信技术高速、稳定和可靠。

届时，更为先进的信息技术、通信技术、控制技术、传感技术、计算技术会得到最大限度的集成和应用，"人""车""路"之间的关系会提升到新的阶段，新时代的交通将具备实时、准确、高效、安全、节能等显著特点，智能交通系统必将掀起一场技术性的革命。

第十节　人工智能与服务

作为自动执行工作的机器装置，近年来，随着人工智能交互技术的应用，机器人的智能化程度有了显著提升，并开始逐渐进入应用落地的阶段。现阶段，考虑到机器人在高空、水下、自然灾害等特殊环境中的应用现状，中国业内将机器人分为工业机器人、服务机器人和特种机器人三类。

根据国际机器人协会（IFR）的初步定义，服务机器人是指以服务为核心的自主或半自主机器人。服务机器人与工业机器人的区别在于应用领域不同：服务机器人的应用范围更加广泛，可从事运输、清洗、安保、监护等工作，但不应用在工业生产领域。

与工业机器人相比，服务机器人智能化程度更高，主要是利用优化算法、神经网络、模糊控制和传感器等智能控制技术进行自主导航定位及路径规划，可以脱离人为控制而自主规划运动。如今，人工智能技术的浪潮叠加新冠肺炎疫情的催化，服务机器人的价值得以凸显。

一、从替代、辅助到创新

根据应用领域的不同，目前，服务机器人可分为个人/家用服务机器人和专业服务机器人两大类。个人/家用服务机器人包括家政机器人、休闲娱乐机器人及助残助老机器人，而专业服务机器人则包括物流机器人、防护机器人、场地机器人、商业服务机器人及医疗机器人（见图 3-1）。

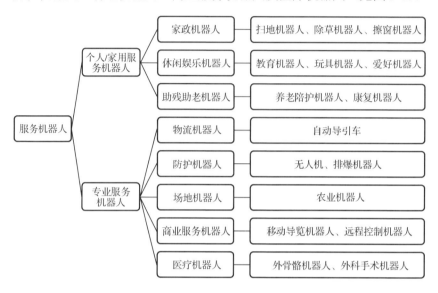

图 3-1　服务机器人的分类

　　虽然不同类型的服务机器人的应用场景各不相同,但从产品作用的角度,可以分为替代人类、辅助人类、创造新领域三类。在不同类型的服务机器人里,已经诞生了成功落地的企业案例。比如,替代人类的配送机器人云迹科技、辅助人类的工业级无人机和航拍无人机、制造新领域的家庭陪护机器人等。

　　从替代人类的角度来看,行业驱动力是服务产业的自动化需求,即"机器换人"。根据国家统计局数据,中国第三产业在 GDP 中的占比持续提升,2019 年已达到 53.9%,同时,第三产业吸纳了超过 45% 的就业人员,是第二产业的 1.7 倍。

　　在工业化时代,汽车、电子、家电等制造业的自动化需求拉动了工业机器人的蓬勃发展。随着第三产业的崛起,医疗、物流、餐饮等服务行业的自动化需求有望拉动相应的服务机器人品类的需求。尤其是在高风险的服务行业，如医护、救援、消防等，"机器换人"的需求更强。

从辅助人类的角度来看，服务机器人通过人工智能、运动控制、人机交互等技术，能有效提升人类现有的工作效率。这类机器人并不替代人类，而是以协作的形式共存。此类服务机器人的价格主要以其对提高人类工作的价值为参考。

比如，随着生活节奏的加快，人们希望从烦琐的家务中解脱出来，而家政机器人的出现使人们的生活更加便利，也满足了人们追求高品质生活的需求。

对于创造新领域来说，随着行业的发展，服务机器人开始在"人做不到的事"和"人不愿意做的事"上不断涉水，从而创造新的需求。比如，一些专业机器人在极端环境和精细操作等特殊领域中的应用，如达芬奇手术机器人、反恐防暴机器人等。达芬奇手术机器人可以辅助医生进行手术，完成一些人手无法完成的极精细的动作，手术切口可以开得非常小，从而加快患者的术后恢复；反恐防暴机器人可用于替代人们在危险、恶劣、有害的环境中进行探查、排除或销毁爆炸物，还可应用于消防、抢救人质，以及与恐怖分子对抗等任务。

二、大有可为的未来

随着应用场景和服务模式的不断扩展，目前，服务机器人的市场需求量不断上升，市场规模不断扩大。根据中国电子学会报告，2021 年全球机器人市场规模达到 365 亿美元，2013—2021 年年均复合增速为 12%、销售额年均复合增长率为 19.2%，增速高于机器人整体市场。同时，服务机器人在全球机器人市场中的占比逐年提高。对于中国来说，

2019 年中国机器人市场规模增长至 86.8 亿美元，服务机器人市场规模为 22 亿美元。

与此同时，包括 5G、人工智能、云计算等相关技术的发展，正在推动服务机器人自身技术与功能的演进，朝着感知更灵敏、运控更精细、人机交互更智能的方向不断发展。

比如，5G 技术具备高速率、低时延、大连接能力等特征，能够实时传输海量数据，为服务机器人的实时应用提供网络支撑，促进机器人完成更复杂、对智能化要求更高的工作。一方面，依托 5G 技术，相关数据能快速传输至云端，为接待机器人的客户分析、新零售机器人的营销决策等提供数据支撑；另一方面，5G 技术增强云端能力，为接待机器人的远程诊疗、机械臂的远程控制等功能优化提供高速稳定的网络支持。

此外，以 SLAM、机器视觉、语音交互、深度学习等为核心的人工智能技术不断发展，能够推动服务机器人智能决策能力和场景覆盖范围的提升。

利用 SLAM 技术，能够准确引导和定位，实现自主规避障碍物，大大提升了递送机器人、扫地机器人的工作效率和安全性。利用机器视觉技术，递送机器人能够实现视觉主动交互和辅助导航避障等功能；新零售机器人能够通过人脸识别进行需求智能分析。通过突破自然语言处理、深度学习等技术限制，接待机器人、陪伴机器人等的语言沟通和情感交流能力将得到显著提升，得以进一步发展。

不难想象，服务机器人未来在公共卫生系统的智能化管理、应急物资的智能化调配，以及家用陪伴等领域都大有可为。

第十一节　人工智能与教育

人类总是借助于工具认识世界。工具的发明创新推动着人类历史的进步，同样，教育手段的创新也推动着教育的进步与发展。人工智能介入教育正在流行。

人工智能改变教育，是一个必然且正在发生的事实。就像计算机技术的诞生与发展迅速而深刻地改变着人类的生活方式一样。如今，在商业、交通、金融、生产等领域，计算机正在及已经颠覆传统的模式，教育也不例外。

一、人工智能融合教育

人工智能与教育的融合，首要体现在教育模式和方法的改变。法国学者莫纳科认为，教育的变革大约经历了四个主要阶段：依靠人与人之间直接传递的表演阶段，依靠语言文字间接传递的表述阶段，依靠声音图像记录的影像阶段和依靠人人平等互动的信息技术阶段。在不同的阶段，教育的方法也各不相同，包括学即获得信息的方法、教即传播信息的方法及教学互动的方法。显然，无论是教育阶段的演进还是教育方法的变化，技术都是驱动教育变革的关键力量。而现代的信息技术则突破了同位集中式教育模式的时空局限。人工智能技术的赋能，使知识的传递更加快捷平等，传授方式、模式发生着深刻变化，令教育的发展速度比近代历史上任何时期都要快。

首先，人工智能让知识点的教与学更加精准。显然，人工智能技术可以大规模满足用户的个性化学习需求，针对学习管理环节、学习测评环节和认知思考环节"三管齐下"，来完成整个辅助学习功能的场景闭环。对于学生来说，人工智能可以从学习方式和需求入手，针对不同的学生生成个性化和定制化的学习方案，同时提供高效的学习体验和课后追踪服务。对于教师来说，可以通过收集学生反馈来提升教学质量和完善教学细节，而智能评测系统则能根据学生的具体情况，为教师提供精准的干预措施及建议，从而实现教学的高效化。

其次，利用人工智能进行学习画像。人工智能教育平台是产业智能化的基石，其搭建包括两个方面——学生数据收集和数据深度分析。人工智能教育平台除了可以完整追踪并记录学生的线上学习过程，还可对每一位学生的实际数据如档案数据、学习成绩、时间数据、掌握知识情况、特长爱好、阅读数据等进行记录和存储。然后，人工智能教育平台通过人工智能技术预测学生的学习偏好、特长特点、智力水平、学习薄弱环节等，最后延伸出职业发展、专业发展等。所有的这些画像从学生一入学就开始，让每个学生都能接受适合自身特点的个性化学习，创造出了一种个性化的教育模式。

如今，"AI+教育"的产品及服务已经在幼教、K12、高等教育、职业教育等各类细分赛道加速落地，主要应用场景包括拍照搜题、分层排课、口语测评、组卷阅卷、作文批改、作业布置等。就目前而言，"AI+教育"的应用场景还只是停留在学习过程的辅助环节上，越是外围的学习环节越先被智能化，而越是内核的学习环节越晚被智能化。未来，随着教育测量学和人工智能技术的进一步发展，人工智能有望逐步渗透到教学的核心环节中，从根本上改进用户的学习理念和学习方式。

最后，人工智能赋能学校将改变办学形态，拓展学习空间，提高学校服务水平，形成以学习者为中心的学习环境；人工智能赋能教育治理将改变治理方式，促进教育决策科学化和资源配置精准化，加快形成现代化教育公共服务体系。

二、教育受技术驱动，但不是技术本身

人工智能介入教育正在流行。但同时，教育也遵循着技术应用必然面临的伦理矛盾。

教育是一个系统的过程，在这个过程中我们培养个人的自主感、礼仪和责任感。教育是一辈人从上一辈人那里继承了智力结构和学习技能，然后在教育这个架构中逐渐建立起个人与集体认同。当人工智能介入教育时代，我们不得不重新思考那个老生常谈的话题——什么样的教育才是好的教育？

显然，教育的技术化不是"泛技术化"，教育的技术理性也绝不是工具性教育。在教育与技术的融合的发展中，技术给予教育现代化的教育手段，也为教育目标的实现提供了诸多便利，人们普遍对技术表现出推崇和乐观，积极尝试各种新技术给教育带来的便利。然而，过分依赖"技术支持"，一味地追求"技术革新"，盲目推动教育的技术化进程，往往导致技术理性对价值理性的僭越，使教育陷入"泛技术化"的窠臼。

在投入和产出之间，人们总是希望周期越短越好，差距越小越好，使人们对教育外在目标的追求高于对教育内在价值的追求。换言之，人们视学习成果为利润率，计算技术和基础设施是投资回报的红利，甚至将学生当作工业资源一般去评估他们习得"工作技能"的能力，却渐渐

忽略了通过反思、联系语境的手法全面创造意义的能力，教育的目的不再聚焦于"人性"的丰富，而仅仅为了适应社会、适应市场。

技术对于人类社会发展的意义毋庸置疑，对教育亦如是，没有技术的支撑，人类无法创造出一个以人为主导的世界，"人类文明"也是技术进步内在价值的体现。但越是在技术与社会生活紧密联系的时代下，越要警惕技术带来的社会之变，人类的教育不会受技术的约束，也不应由技术来定义。

有鉴于此，教育既要积极拥抱新技术，将技术进步作为高等教育变革的有效动力，也要在教育的技术理性与价值理性的权衡与融通之中始终守住教育本真生命体的底线。从始至终，人都是教育的原点，育人是教育的根本，这也是人之所以为人的奥义。

第十二节　人工智能与创作

人工智能技术除了广泛渗入社会的生产和生活，过去被人们视为"彰显人类独创性"的审美艺术领域，也因人工智能的勃兴而经历着前所未有的变革。

如今，人工智能的不断进步打破了对人类智能的单一模仿，而具备计算智能、感知智能和认知智能的人工智能，已经能够在深度学习的基础上对自然语言进行处理、以创作者的身份参与创造性的生产。但同时这引起了广泛的争议。不同于机械化的生产，人工智能进化出的创造性直接挑战人类的独特地位及长远价值，并进一步引发人工智能是否会取代人类的生存焦虑。

一、人工智能重构创作法则

在人工智能领域,科学家们一直力争使计算机具有处理人类语言的能力,从文学界词法、语句到篇章进行深入探索,企图令智能创作成为可能。

1962 年,最早的诗歌写作软件"Auto-beatnik"诞生于美国。1998 年,"小说家 Brutus"已经能够在 15 秒内生成一部情节衔接合理的短篇小说。

进入 21 世纪,机器与人类协同创作的情况更加普遍,各种写作软件层出不穷,用户只需输入关键字就可以获得系统自动生成的作品。清华大学"九歌计算机诗词创作系统"和微软亚洲研究院所研发的"微软对联"是其中技术较为成熟的代表。

并且,随着计算机技术和信息技术的不断进步,人工智能的创作水平日益提高。2016 年,人工智能生成的短篇小说被日本研究者送上了"星新一文学奖"的舞台,并成功突破评委的筛选、顺利入围,表现出了不逊于人类作家的写作水平。

2017 年 5 月,"微软小冰"出版了第一部由人工智能创作的诗集《阳光失了玻璃窗》,其中部分诗作在《青年文学》等刊物发表或在互联网上发布,并宣布"微软小冰"享有作品的著作权和知识产权。

可见,人工智能创作作为创造性生产的一种全新生成方式,不同于一般对人类智能的单一模仿,而呈现出人机协同不断深入、作品质量不断提高的蓬勃局面。人工智能的创作实践也在客观上推动了既有的艺术生产方式发生改变,为新的艺术形态做出了技术和实践方面的必要铺垫。

一方面，人工智能作为一种新的技术工具和艺术创作的媒介，革新了艺术创作的理念，为当代艺术实践注入了新的发展活力。对于非人格化的智能机器来说，"快笔小新"能够在 3～5 秒内完成人类需要花费15～30 分钟才能完成的新闻稿件，"九歌"可以在几秒内生成七言律诗、藏头诗或五言绝句。显然，人工智能拥有的无限存储空间和永不衰竭的创作热情，并且随着语料库的无限扩容而孜孜不倦的学习能力，都是人脑存储、学习与创作精力的有限所无可比拟的。

另一方面，人工智能在与人类作者协同生成文本的过程中打破了创作主体的边界，成为未来人格化程度更高的机器作者的先导。比如，"微软小冰"的研发者宣称它不仅具备在深度学习基础上的识图辨音能力和强大的创造力，还拥有智商，与此前几十年内技术中间形态的机器早已存在本质差异。正如"微软小冰"在诗歌中做出的自我陈述："在这世界，我有美的意义。"

二、人工智能挑战人类创造力

人工智能挑战人类的创造力已经成为一个既定的事实，争议也随之而来。而其中，最主要的争议在于对创造属人特性的挑战。

传统创作中，创作主体人类往往被认为是权威的代言者，是灵感的所有者。事实上，正是因为人类激进的创造力、非理性的原创性，甚至是毫无逻辑的慵懒而非顽固的逻辑，才使得目前为止，机器仍然难以模仿人的这些特质，使得创造性生产仍然是人类的专属，且并未萌生创作主体的非人式思维与现实。

然而，随着人工智能创造性生产的出现与发展，创作主体的属人特性被冲击，艺术创作不再是人的专属。

从模仿的角度来看，即人工智能通过对已有作品的模仿，可以创作出与之风格相似的作品。此种情况下，艺术创造仍然具备艺术领域独特的存在价值，只是在重复创作或机械复制阶段不再需要人的存在。就好比工业时代机器的出现，代替了劳动力并进一步提高了生产力。

但不可否认，即便是模仿式创造，人工智能对艺术作品形式风格的可模仿能力的出现，都使创作者这一角色不再是人的专利。人工智能复制式创作的实现，使人类在创作中的消失成为可能。

一是高度拟人的交互正渗透在人们社会生活的各方面。人工智能开始人格化，像人类一样对人性和情感有了理解和拟合。苹果的 Siri 早已产品化，不同类型的陪伴机器人也正从情感和人性的拟合角度纵深发展着。

二是人工智能的主体不仅仅只是依赖某一个领域的人工智能的技术，更是走向技术的全面性和后台的人工智能框架的完整性，包括对自然语言处理、计算机视觉、语音处理等技术的融合。

三是人工智能的数量正以几何级数增长。无疑，在未来，每个人都将被各种各样的人工智能所环绕。如 Alexa，亚马逊给予了其最多的硬件覆盖；"微软小冰"则拥有全球最大的人工智能的交互量。

回到人工智能对创作主体人的冲击里，会发现人工智能进入创作领域并非是对以"人"为核心的一切的否定。人工智能技术带给人们对于艺术创作领域新的思考，但有一件事始终未变，即人类本身。因此，创作者应更加注重对创意性、思想性和独特性的空间领域开发。

技术的进步将带给艺术世界颠覆性的改变，审美艺术如何在新一轮技术革命中获得新生，值得思考。在未来的艺术时代，人与智能技术将实现高度融合，而人工智能技术在艺术中的应用成效也会超过目前人类对艺术的认知，如何重建美的法则，将创造与交互结合，值得我们认真审视。

第四章

人工智能连接元宇宙

第一节　什么是元宇宙

　　元宇宙（Metaverse）最早出现在科幻小说作家尼尔·斯蒂芬森（Neal Stephenson）于 1992 年出版的第三部著作《雪崩》（*Snow Crash*）中。在这部著作中，斯蒂芬森创造出了一个并非以往的互联网，而是与社会紧密联系的三维数字空间——元宇宙。在小说呈现的元宇宙中，现实世界里地理位置彼此隔绝的人们可以通过各自的"化身"进行交流及娱乐。

　　继《雪崩》后，1999 年的《黑客帝国》、2012 年的《刀剑神域》及 2018 年的《头号玩家》等知名影视作品则把人们对于元宇宙的解读和想象搬到了大银幕上。总体来说，元宇宙是一个脱胎于现实世界，又与现实世界平行、相互影响，并且始终在线的虚拟世界。

一、关于宇宙的宇宙

　　对于"元宇宙"这个概念，一方面，Metaverse 一词由 meta 和 verse

组成，meta 表示超越，verse 代表宇宙（universe），合起来表示"超越宇宙"的概念。另一方面，关于"元"在流行文化中的用法可以用一个公式来描述：元+B=关于 B 的 B。当我们在某个词上添加前缀"元"的时候，如"元认知"就是"关于认知的认知"；"元数据"就是"关于数据的数据"；"元文本"就是"关于文本的文本"；"元宇宙"，也就是"关于宇宙的宇宙"。

显然，无论是"超越宇宙"还是"关于宇宙的宇宙"，元宇宙都是与现实宇宙相区别的概念。实际上，人类在更早以前就有了另一个与现实宇宙相区别的宇宙，那就是想像的宇宙，包括文学、绘画、戏剧、电影。人们幻想出的虚构世界，几乎是人类文明的底层冲动。正因为如此，才有了古希腊的游吟诗人抱着琴讲述英雄故事，诗话本里的神仙鬼怪和才子佳人，莎士比亚话剧里的巫婆轻轻搅动为麦克白熬制的毒药，还有那些影视剧里让观众感受别人人生的故事。

在过去，想象中的宇宙和现实中的宇宙是壁垒分明的，人们不可能走进英雄故事里与英雄一同冒险，也不可能与虚构的人物对话，参与虚构人物的人生。但是，随着科技的发展，虚拟宇宙和现实宇宙之间的界限被打破。当虚拟宇宙越来越与现实宇宙互相融合时，元宇宙也就随之诞生了。

二、互联网的终极形态

互联网的诞生是元宇宙的开始。互联网 1.0 时代是一个群雄并起的时代，也是网络对人、单向信息只读的门户网时代，是以内容为最大特点的互联网时代。互联网 1.0 的本质是聚合、联合、搜索，其聚合的对象是巨量、芜杂的网络信息，是人们在网页时代创造的最小的独立的内容数据，如博客中的一篇网志、Wiki 中的一个条目的修改。小到一句话，大到几百字或音频文件、视频文件，甚至用户的每一次支持或反对的点击。事实上，在互联网问世之初，其商业化核心竞争力就在于对于这些微小内容的有效聚合与使用。谷歌、百度等有效的搜索聚合工具，一下子把这种原本微不足道的离散价值聚拢起来，形成一种强大的话语力量和丰富的价值表达。

但不可否认，尽管互联网 1.0 代表着信息时代的强势崛起，但彼时，互联网的普及度依旧不高。并且，互联网 1.0 只解决了人对信息搜索、聚合的需求，而没有解决人与人之间沟通、互动和参与的需求。互联网 1.0 是只读的，内容创造者很少，绝大多数用户只是充当内容的消费者。而且它是静态的，缺乏交互性，访问速度比较慢，用户之间的互联也相当有限。

20 世纪初，互联网开始从 1.0 时代迈向 2.0 时代。如果说互联网 1.0 主要解决的是人对于信息的需求，互联网 2.0 主要解决的就是人与人之间沟通、交往、参与、互动的需求。从互联网 1.0 到互联网 2.0，需求的层次从信息上升到了人。虽然互联网 2.0 也强调内容的生产，但是内容生产的主体已经由专业网站扩展为个体，从专业组织的制度化、把关式的生产扩展为更多"自组织"的随机自我把关式的生产，逐渐呈现去中心化趋势。个体生产内容的目的往往不在于内容本身，而在于以内容为纽带与媒介，延伸自己在网络社会中的关系。因此，互联网 2.0 使网络不再停留在传递信息的媒体这样一个角色上，而是使它在成为一种新型社会的方向上走得更远。这个社会不再是一种"拟态社会"，而是成为与现实生活相互交融的一部分。

博客是典型的互联网 2.0 的代表，它是一个易于使用的网站，用户可以在其中自由发布信息、与他人交流及从事其他活动。博客能让个人在互联网上表达自己的心声，获得志同道合者的反馈并进行交流。博客的写作者既是档案的创作人，也是档案的管理人。博客的出现成为网络世界的革命，它极大地降低了建站的技术门槛和资金门槛，使每一个互联网用户都能方便快速地建立属于自己的网上空间，满足了用户由单纯的信息接收者向信息提供者转变的需要。微博就是从博客发展而来的。

当前，在世界范围内，随着互联网的普及和推广，互联网络虚拟世界的仿真程度越来越强，人们得以真正进入互联网时代，并从互联网2.0 向互联网 3.0 跃迁。其中，互联网 3.0 正是互联网向真实生活的深度和广度进行的全方位延伸，从而达到逼真地全面模拟人类生活的时代。

大致来说，互联网 3.0 将是一个虚拟化程度更高、更自由、更能体现网民个人劳动价值的网络世界，是一个融合虚拟与物理实体空间所构建出来的第三世界，一个能够实现如同真实世界那样的虚拟世界。互联网 3.0 的全部功能所构建的景观，正是元宇宙所指向的最终形态。归根结底，元宇宙代表了第三代互联网的全部功能，是未来人类的生活方式。

元宇宙连接虚拟和现实，将丰富人的感知、提升体验、延展人的创造力和更多可能，并反过来作用于物理世界，最终模糊虚拟世界和现实世界的界限，是人类未来生活方式的重要愿景。

第二节　元宇宙需要人工智能

元宇宙是虚拟世界和现实世界的界限被打破的结果，是虚拟世界和现实世界日益融合的未来。在这个过程中，一系列"连点成线"的科学技术的进步和产业聚合就是打破虚拟和现实的界限、促进虚拟和现实融合的重要力量。

乔布斯曾提出一个著名的"项链"比喻：iPhone 的出现，串联了多点触控屏、iOS、高像素摄像头、大容量电池等单点技术，重新定义了手机，开启了激荡的移动互联网时代。现在，随着算力持续提升、VR/AR、区块链、人工智能、数字孪生等技术创新逐渐聚合，元宇宙也走向了"iPhone 时刻"。其中，人工智能将出演关键角色，对元宇宙的发展具有重要的作用。

一、人工智能三要素

数据、算法和算力是人工智能的三大核心要素。

数据是人工智能发展的基石和基础。人工智能的实质是对人类智能的模拟。也就是说，人工智能如果要像人类一样获取一定的技能，就必须经过不断训练才能获得。只有经过大量的训练，神经网络才能总结出规律，从而应用到新的样本上。如果现实中出现了训练集中从未有过的场景，则网络会基本处于盲猜状态，正确率可想而知。

比如，需要人工智能识别一把勺子，但在训练集中，勺子总和碗一起出现，神经网络很可能学到的就是碗的特征。再经过这样的训练，如果新的图片只有碗，没有勺子，依然很可能被分类为勺子。数据对于人工智能的重要性显而易见，只有数据能够覆盖各种可能的场景，才能得到一个表现良好的模型。

但是需要指出的是，在人工智能的发展过程中，传统的方法和现在深度学习的方法在数据运用方面也是有差异的。传统的办法是通过人类对大数据的特征进行提炼，形成机器可训练这种特别的数据。但是，从现在的深度学习的角度来看，更多的是仿照人脑神经网络的特性，自发地形成一种学习的能力，形成对物理世界概念的认识。也就是说，人工智能对于数据的需求还将进一步提升。只有大量且精准的数据，才能使人工智能对数据做出正确的判断和运用。

算法是人工智能发展的重要引擎和推动力。算法是一种有限、确定、有效并适合用计算机程序来实现的解决问题的方法，是理论中最纯粹的知识形式。在某种意义上，其可以看作一种理性的计算工具。

在数据和算力的支撑下，算法经历了一个不断发展的过程，从大的概念上来说，可以看成人工智能不断进步的过程，即从实现机器学习到深度学习的过程。从具体的学习过程和算法过程来看，人工智能经历了从浅层的神经网络发展到复杂的机器学习网络。其中，浅层的神经网络的整个输入和输出是在一个比较简单的网络里构建的。进入深度学习的网络以后，这一过程则会发生在网络和神经元之间的复杂的机器学习网络中。

算力是实现人工智能技术的一个保障，算力实际上就是计算能力。人工智能除了训练需要算力，其运行在硬件上也需要算力的支撑。从 20 世纪 60 年代的大型机的计算能力大概是每秒百次的速度，到个人计算机时代，算力进入了每秒十亿次，大概 7G 的级别。进入桌面互联网和移动互联网时代后，手机的算力达到了每秒百亿次。算力构筑了人工智能的底层逻辑，其对人和世界的影响已经嵌入社会生活的各个方面。

人工智能的传统三要素——数据、算法、算力，不仅与人工智能的发展息息相关，更与元宇宙的未来紧密联系着。围绕数据的搜集、加工、分析、挖掘过程中释放出的数据生产力，将成为驱动元宇宙发展的强大动能；具备越来越强的自主学习与决策功能的算法，是元宇宙时代全新的认识和改造这个世界的方法论；算力则是构建元宇宙最重要的基础设施，构成元宇宙的虚拟内容、区块链网络、人工智能技术都离不开算力的支撑。

二、数据：元宇宙发展的强大动能

人工智能所需要的数据是驱动元宇宙发展引擎的燃料。当前，数据的价值已经得到了社会的认可和重视。数据已和其他要素一起，融入数字经济时代的价值创造体系，成为数字经济时代的基础性资源、战略性资源和重要生产力。

数据生产力意味着知识创造者的快速崛起。随着智能工具的广泛普及，数据要素成为核心要素。其中，数据要素融入劳动、资本、技术等每个单一要素中，不仅能够提高单一要素的生产效率，带来劳动、资本、技术等单一要素的倍增效应，更重要的是提高了劳动、资本、技术、土地这些传统要素之间的资源配置效率。

数据要素推动传统生产要素革命性聚变与裂变，成为驱动经济持续增长的关键因素。于是，在数字生产力时代，劳动者通过使用智能工具进行物质和精神产品生产，数据赋能的融合要素成为生产要素的核心，整个经济和社会运转被数字化的信息所支撑。

可见，数据生产力创造价值的基本逻辑是围绕数据的搜集、加工、分析、挖掘，并在这个过程中将数据转变为信息、信息转变为知识、知识转变为决策。数据要素的价值不在于数据本身，在于数据要素与其他要素融合创造的价值，这种赋能的激发效应是指数级的。对于元宇宙来说，数据还将成为强大动能，驱动元宇宙快速发展。

归根到底，元宇宙是虚拟现实的融合，而这离不开数据的连接。虚拟与现实相结合的技术不同于传统技术，它以大数据为基础，使真实感更加强烈。元宇宙需要充分发挥互联网、物联网和大数据的优势，将物联网的传感器视为眼睛和鼻子，让用户体验交流的感觉，不仅是简单的图像和场景的叠加，更是互动的增强。

一方面，围绕海量数据分析处理需求而产生的分布式计算、高性能计算、云计算、雾计算、图计算、智能计算、边缘计算、量子计算等"算力"体系将成为元宇宙发展的重要引擎。人工智能、深度学习等"算法"为元宇宙提供智能化支撑，而以 5G、NB-IoT、TSN 为代表的现代通信网络将数据、算力与算法紧密地连接在一起，实现了协同作业和价值挖掘。对大数据的充分挖掘而形成的智慧支撑系统，将成为未来元宇宙高质量发展的强大动力。

另一方面，数据要素作为驱动元宇宙创新发展的核心动能，不仅作用于未来元宇宙产业的发展，还包括产业元宇宙的发展，即数据要素对元宇宙各部门带来的辐射带动效应。目前，大数据已经广泛应用于生产制造、零售、交通、能源、教育、医疗、政府管理、公共事务等多个领域。以制造业为例，数字化推动了大规模的柔性、定制化、分散化生产，缩短了研发生产周期，降低了生产成本，增强了决策支撑能力。映射到虚拟世界中，大数据具有相同的作用，也将带动元宇宙的各个产业高速发展。

三、算法：元宇宙的方法论

一般来说，算法是为解决特定问题而对一些数据进行分析、计算和求解的操作程序。算法在最初仅用来分析简单的、范围较小的问题，输入/输出、通用性、可行性、确定性和有穷性等是算法的基本特征。算法存在的前提就是数据信息，而算法的本质则是对数据信息的获取、占有和处理，在此基础上产生新的数据和信息。简言之，算法是对数据信息或获取的所有知识进行改造和再生产。

当前，随着越来越多的数据产生，算法逐渐从过去单一的数学分析工具转变为能够对社会产生重要影响的力量。建立在大数据和机器深度学习基础上的算法，具备越来越强的自主学习与决策功能，为元宇宙时代全新的认识和改造元宇宙世界提供了方法论。

首先，算法已经深度影响着个体的决策和行为。开启互联网 3.0 后，网络设施成为水电气一样的基础设施，网络成为人们获取知识、日常消费乃至规划出行的重要途径，各类搜索引擎、应用程序充斥于现代人的生活。这些均建立在大数据和算法之上，人们的每一次点击、每一次搜索都成为算法进行下一步计算的依据，我们的生活同时受到算法的影响甚至支配。

隐含在各种网络服务中的算法，决定了人们每天阅读哪些新闻、购买什么商品、经过哪条街道，以及光顾哪家餐厅等。社会化的"算法"在本质上已经不再是单纯的计算程式，它已经与社会化的知识、利益甚至权力深深嵌合在一起，深度影响着个人的行为选择。

其次，算法和数据相结合逐渐成为市场竞争的决定性因素。数据作为新时代的"石油"，在不同算法下以不同的方式转化、合并、回收，在此基础上匹配不同的商业模式，创造出巨大的商业价值。企业可以通过算法调整、引导消费者的行为，或者定向投入依据算法预测出的畅销商品，从而获得高额利润。算法还可以精准预测消费者的消费习惯和消费能力，从而匹配精准广告投放，甚至为消费者量身定做，实现差异化定价。

最后，算法日渐成为影响公共行政、福利和司法体系的重要依据。算法程序嵌入具体行政行为执行、审批系统等，极大地提高了行政效率，人工操作逐渐被算法自动执行所取代。算法开始在法律事实认定和法律适用层面发挥重要作用，对视频监控、DNA 数据等信息的分析，使算法程序能够快捷高效地协助认定案件事实。

算法的强作用力也将体现在元宇宙世界中，一是助力虚拟对象智能化，元宇宙高度融合了虚拟与现实世界；二是交互方式智能化，算法的日益精进将大大提升智能交互体验，通过综合视觉、听觉、嗅觉等感知通道，让虚拟现实真正"化虚为实"。

四、算力：元宇宙的基础设施

算力是构建元宇宙最重要的基础设施。构成元宇宙的虚拟内容、区块链网络、人工智能技术都离不开算力的支撑。

虚拟世界的图形显示离不开算力的支持。计算机绘图是将模型数据按照相应流程，渲染整个画面的每一个像素，因此所需的计算量巨大。当前用户设备所显示的 3D 画面通常是通过多边形组合出来的。无论是应用场景的互动、玩家的各种游戏，还是精细的 3D 模型，大部分都是通过多边形建模（Polygon Modeling）创建出来的。

这些人物在画面里面的移动、动作，乃至根据光线发生的变化，则是通过计算机根据图形学的计算实时渲染出来的。这个渲染过程需要经过顶点处理、图元处理、栅格化、片段处理及像素操作这 5 个步骤，而每一个步骤都离不开算力的支持。

算力支撑着元宇宙虚拟内容的创作与体验，更加真实的建模与交互需要更强的算力作为前提。游戏创作与显卡发展的飞轮效应，为元宇宙构成了软硬件基础。从游戏产业来看，每一次重大的飞跃都源于计算能力和视频处理技术的更新与进步。

游戏 3A 大作往往以高质量的画面作为核心卖点，充分利用甚至压榨显卡的性能，形成"显卡危机"的游戏高质量画面。游戏消费者在追求高画质、高体验的同时会追求强算力的设备，从而形成游戏与显卡发展的飞轮效应，这在《极品飞车》等大作中已有体现。

以算力为支撑的人工智能技术将辅助用户创作，生成更加丰富真实的内容。构建元宇宙最大的挑战之一是如何创建高质量的内容，专业创作的成本高得惊人。3A 大作往往需要几百人的团队数年的投入，而 UGC 平台也会面临质量难以保证的困难。为此，内容创作的下一个重大发展将是转向人工智能辅助人类创作。

虽然今天只有少数人可以成为创作者，但这种人工智能补充模型将使内容创作完全民主化。在人工智能的帮助下，每个人都可以成为创作者，这些工具可以将高级指令转换为生产结果，完成编码、绘图、动画等繁重工作。除创作阶段外，在元宇宙内部也会有 NPC 参与社交活动。这些 NPC 有沟通决策能力，从而进一步丰富数字世界。

依靠算力的 PoW 则是目前区块链使用最广泛的共识机制，去中心化的价值网络需要算力保障。PoW 机制是工作量证明机制，即记账权争夺（也是通证经济激励的争夺），是通过算力付出的竞争来决定胜负的准则。从经济角度看，这也是浪费最小的情况。为了维护网络的可信与安全，需要监管和惩戒作恶节点、防止 51%的攻击等，这些都是在 PoW 共识机制的约束下进行的。

在元宇宙的世界里，人类将不再受物理世界的限制，人与人的交互也将不再停留在文字、音频、视频的层面，实时互动、交错时空的互动都可以实现，这必然会诞生新的生活方式。但是，在奔向"元宇宙"前，必须先打造出实现虚实结合的基础设施——显然，人工智能就是那把连接虚拟世界与现实世界的"钥匙"。

第三节　成就元宇宙的"大脑"

自文明诞生以来，人类智慧一直在创造和维护复杂的系统。随着人工智能的出现和勃兴，机器智能开始参与创造和维护复杂系统的过程。未来的元宇宙必然是一个更加复杂的系统，除了需要人类智慧的参与建构，更需要人工智能的协助维护。

有人工智能参与的元宇宙才能使很多事情变得更加智能与合理，人机反馈模式将更多地转向预测模型而不是反应模型。人工智能和元宇宙的结合让虚拟世界显得更真实。在元宇宙的世界里，人工智能不仅将承担现实世界与元宇宙连接的媒介，还将为元宇宙赋予智能的"大脑"及创新的内容。

一、连接虚拟和现实

元宇宙所构建的虚实结合的世界是比互联网更全方位、更深层次的延伸的世界。但是，要想真正打通虚实融合，还需要全面实现物理世界的数字化——给物理空间一个虚拟的投射，可以让人们通过虚实叠加，对现实世界进行更智能化的管理。

然而当前，在我们所生活的城市中，仅有 20% 的头部需求得以实现数字化，还有 80% 的长尾应用场景未被覆盖。比如，交通、医疗、园区等是高频率的行业与场景，但在城市网格化管理中，单元网格的部件和事件巡查依然高度依赖人工。在更细分的领域，包括解决自动扶梯故障、高空抛物、老人跌倒等社区关怀的问题时，可采用的数据更少也更难。

这些长尾场景需要靠人工智能的全面落地来实现数字化，以连接现实空间与虚拟世界。实际上，人工智能的理想未来就是摆脱人力密集的状态，通过自动化生产、自适应应用的方式，打通商业价值的闭环，全面构建物理空间的数字化搜索引擎和推荐系统，完成从"实"走向"虚"。

冬奥会场馆水立方就是一个"虚拟化"的案例：第一步为数据化，将场馆的 3D 结构模拟出来；第二步，把场馆内所有的人、事、场景进行结构化，也就是用机器学习模型理解场馆内的运动轨迹、活动内容的意义，这些内容还可以迭代；第三步是流程可交互化。根据以上 3D 内容信息叠加，模型能做出很好的预测甚至完成超现实的互动。

此外，虚实融合不仅仅是现实世界在虚拟世界中的投射，还要真正实现虚拟与现实的融合和交互。在数据化实现之后，如何将虚拟世界的内容更好地叠加到现实生活中，则成为人工智能新的命题。想要做到这一点，就需要让虚拟元素准确定位，并且让虚拟世界中的人和物能够认识和理解现实世界，并做出精准的反馈，从而实现虚拟与现实的融合与互动。

这就对人工智能提出了更高的要求，包括高精度三维数字化地图构建、跨平台和终端的空间感知计算、全场域厘米级的端云协同定位等空间定位和构建能力，人工智能将帮助虚拟世界与现实世界精准叠加，并与之交互。随着这个虚拟世界越来越大、越来越广泛，人们可以进行社交、娱乐、消费交易等现实世界的活动。这就必然诞生新的生活方式，也就是元宇宙要到达的所在。

二、元宇宙的管理者

在成为虚拟世界的管理者以前，人工智能已经在管理物理世界的城市中获得了人们的认可。城市的智慧程度是伴随着人类科技和文明的进步发展起来的。因 18 世纪中叶开始的工业革命，城市迎来了一个崭新的发展时期。作为工业化原动力的各种原料产地，特别是煤炭、资本、工厂、人口的迅速集中，形成了人口密度高、工业发达的城市。

人工智能的加入则进一步推动了城市向智慧城市的转变。可以说，智慧城市就是人工智能应用场景最终落地的综合载体。

正如人工智能赋予了城市的"大脑"一样，当人工智能上升至元宇宙时，也需要承担元宇宙管理者的角色。显然，基于超大规模下的实时反馈，保证元宇宙的运营和内容供给效率，需要通过多技能人工智能辅助管理元宇宙系统。单纯依靠人力难以维系元宇宙这样的复杂系统，同时还要保证内容供给和运营的效率。因此，类似于游戏中的 NPC 角色，人工智能将扮演支撑元宇宙日常运转的角色。

其中，多技能人工智能将通过计算机视觉、音频识别和自然语言处理等功能的结合，以更像人类的方式来收集和处理信息，从而形成一种可适应新情况的人工智能，解决更加复杂的问题。因此，未来的人工智能将承担起客服、NPC 等元宇宙前端服务型职责及信息安全审查、日常性数据维护、内容生产等后端运营型职责。并且，随着算力和技术的提升，保证元宇宙的运营和内容供给效率。

三、满足扩张的内容需求

当前，在底层算力提升和数据资源日趋丰富的背景下，人工智能对各种应用场景的赋能不断改造着各个行业。对于元宇宙这样庞大的体系来说，内容的丰富度将远超想象。并且，内容将是以实时生成、实时体验、实时反馈的方式提供给用户的。

元宇宙边界在不断扩展，满足不断扩张的内容需求，还需要通过人工智能辅助内容生产/完全人工智能内容生产。

2021 年取得突破的 GPT-3 作为一种学习人类语言的大型计算机模型，拥有 1750 亿个参数，利用深度学习的算法，通过数千本书和互联网的大量文本进行训练，最终完成模仿人类编写的文本作品。但是，目前人工智能模型仍未达到真正理解语义和文本的水平。

　　因此，短期内，人工智能将更多地承担辅助内容生产的工作，通过简化内容生产过程，实现创作者"所想即所得"，降低用户的内容创作门槛。但是，随着人工智能和机器学习的进一步发展，未来有望实现完全的人工智能内容生产，从而直接满足元宇宙不断扩张的优质内容需求。

第五章

人工智能的趋势与未来

第一节　人工智能迎来算力时代

互联网的普及带来了数字设备的连接，物联网（IoT）的发展还将带来千亿级的设备接入——海量的设备，叠加复杂的应用场景，创造出了以几何级数进行累积的数据。IDC 早前发布的《数据时代 2025》报告指出，全球每年产生的数据将从 2018 年的 33ZB 增长到 2025 年的 175ZB。换言之，大数据时代已经降临。

爆炸式增长的数据哺育了人工智能，使深度学习等过去难以实践的各种算法得以喂养、训练，并大规模应用。这反过来对算力提出进一步的要求。随着算法的突飞猛进，人工智能将进入算力时代。

人体生物研究显示，人的大脑有六张脑皮，其中的神经联系形成了一个几何级数，人脑的神经突触每秒跳动 200 次，而大脑神经跳动每秒达到 14 亿亿次，这也让 14 亿亿次成为计算机、人工智能超越人脑的拐点。可见，人类智慧的进步和人类创造的计算工具的速度有关。

从这个意义来讲，算力是人类智慧的核心。

过去，算力更多地被认为是一种计算能力，而人工智能时代则赋予了算力新的内涵，包括大数据的技术能力、提供解决问题的指令、系统计算程序的能力。综合来看，算力是计算机程序的能力，是一种有限、确定、有效并适合用计算机程序来实现的解决问题的方法，是计算机科学的基础。

算力包括四个部分：一是系统平台，用来存储和运算大数据；二是中枢系统，用来协调数据和业务系统，直接体现着治理能力；三是场景，用来协同跨部门合作的运用；四是数据驾驶舱，直接体现数据治理能力和运用能力。当我们把这项能力用于解决实际问题时，算力便改变了现有的生产方式，增强了存在者的决策能力和信息筛选能力。

与此同时，多元化的场景应用和不断迭代的新计算技术，推动计算和算力不再局限于数据中心，扩展到云、网、边、端全场景，计算开始超脱工具属性和物理属性，演进为一种泛在能力，实现新蜕变。

从作用层面上看，伴随人类对计算需求的不断升级，计算在单一的物理工具属性之上，逐渐形成了感知能力、自然语言处理能力、思考和判断能力，借助大数据、人工智能、卫星网、光纤网、物联网、云平台、近地通信等一系列数字化软硬件基础设施，以技术、产品的形态，加速渗透社会生产生活的各个方面。小到智能手机、平板电脑等电子产品，大到天气预报、医疗保障、清洁能源等民用领域的拓展应用，都离不开计算的赋能支撑。计算已经实现从"旧"到"新"的彻底蜕变，成为人类能力的延伸，赋能数字经济各行各业的数字化转型升级。

2020 年 4 月，国家发展改革委首次明确"新基建"的范围，其中就包括以数据中心、智能计算中心为代表的算力基础设施。人工智能计算能力侧面反映了一个国家最前沿的创新能力，对于人工智能算力的投入，说明了国家在战略层面对人工智能的重视，以及企业希望通过人工智能的发展契机提升核心竞争力的迫切愿景。

人工智能要想变得"聪明"，算力升级势在必行。

第二节　社会生活走向"泛在智能"

2020 年 7 月 10 日，在世界人工智能大会腾讯论坛上，腾讯集团副总裁、腾讯研究院院长司晓正式发布了《2020 腾讯人工智能白皮书》，从宏观背景、技术研究、落地应用、未来经济、制度保障五个维度，勾勒了"泛在智能"的全景全貌。

人工智能的发展并不平静。从 1956 年的达特茅斯会议至今，人工智能三起两落，经历了从炒作与狂热、泡沫褪去后的艰难落地到隐私伦理的时代挑战。时下，尽管真正拥有知觉和自我意识的"强人工智能"仍属幻想，但专注于特定功能的"弱人工智能"早已如雨后春笋般涌现。

从纯粹的技术角度，以机器学习和深度学习人工智能为主题的浪潮，被认为是当前人类所面对的最为重要的技术社会变革之一，训练机器成为互联网诞生以来的第二次技术社会形态的全球萌芽。在过去十年，用于人工智能训练模型的计算资源激增，2010 年至 2020 年，人工智能的计算复杂度每年激增 10 倍，人工智能训练成本每年下降约 68%。

在算力上，得益于芯片处理能力的提升，硬件价格的下降使算力大幅提升。基于此，各项人工智能技术不断得到突破，并找到相对明确的应用场景。清华大学所做的数据分析显示，计算机视觉、语音技术及自然语言处理的市场规模占比分别为 34.9%、24.8%及 21%，是中国人工智能市场规模最大的三个应用方向。

从应用角度来看，受益于计算机视觉、图像识别、自然语言处理等技术的快速发展，人工智能已广泛地渗透和应用于诸多垂直领域，切入不同的场景和应用，提供产品和解决方案，产品形式也趋向多样化。近年来，科技公司苹果、谷歌、微软、亚马逊、脸书无一例外地投入越来越多的资源抢占人工智能市场，甚至整体转型为人工智能驱动的公司。

抗击新冠肺炎疫情成为人工智能的试金石，人工智能公司出演关键角色，从而提高抗疫的整体效率。在医疗方面，从人工智能落地图像识别、提升医疗效率，到人工智能应用医药筛选、助力新药研发，人工智能公司都发挥着重要的作用。疫情防控期间，人工智能技术还推进了远程问诊与医学信息在线科普的发展，使人们可以更加高效、快捷地触及医疗资源。

而经过疫情，已经不再有纯粹的"传统产业"，每个产业或多或少开启了数字化进程。受疫情用工难、成本加剧等风险因素的影响，制造业和服务业正在加快人机结合的进程，向制造、服务智能化进一步转型。

在疫情防控中，人工智能技术在城市治理方面广泛落地应用，也表明中国智能社会形态正在逐渐显现。可以说，疫情为人工智能的发展打开了新的窗口期和丰富的实践场，使一个"泛在智能"的世界加速成为现实。

一方面，泛在智能"泛"于基础设施建设。在中国，人工智能已被纳入新型基础设施建设，作为"新基建"的七大方向之一成为信息化领域的通用基础技术。人工智能技术将逐渐转变为像网络、电力一样的基础服务设施，向全行业、全领域提供通用的人工智能能力，为产业转型打下智慧基座。在产业互联网时代，人工智能技术将促进产业数字化升级和变革。

另一方面，泛在智能"泛"于更加多元的应用场景和更大规模的受众。随着技术、算法、场景和人才的不断充实，人工智能正在渗透工业、医疗、城市等领域。毋庸置疑，未来会有更多的产业与智能技术进行创新融合，催生出更多的新业态、新模式。

第三节　互联网与人工智能的融合演进

业界将第三次人工智能浪潮的到来归功于丰富的大数据资源、人工智能算法的创新及算力的巨大提升，往往忽略了互联网及互联网企业在这一次人工智能爆发中所起到的重要作用。

全球领先的互联网公司如谷歌、亚马逊、脸书、阿里巴巴等，同时也是人工智能领域的领先公司，这并不是偶然的。事实上，互联网公司不仅是人工智能的助推剂，更是人工智能发展的重要保障。

首先，互联网公司是数字经济的创新者、实践者，通过互联网及移动互联网，互联网公司在生产经营活动中创造并积累了大量数据，这些数据来自用户的真实需求、反馈及行为，在安全合规的基础上，互联网公司不仅充分利用了数据的价值，更让整个商业社会开始重视数据的价值，激活了各个产业的数据意识，推动数字经济的渗透与发展，从而在一定程度上完成了第三次人工智能的大数据资源的积累。

其次，互联网公司是人工智能技术的迫切需求者。人工智能应用是互联网公司解决自身需求的必要手段，更是数字经济商业模式发展的必然结果。如果一个公司的业务形态是靠数据和算法在线对外提供服务的，那么它一定需要应用人工智能技术成为未来业务发展的引擎，而随着这些人工智能技术的成熟，互联网公司也将这些技术提供给传统行业，从而实现了人工智能技术的行业溢出。

再次，伴随互联网公司人工智能溢出的是全社会、各行业对人工智能技术逐渐提高的接受度，从而极大地扩大了市场。以天猫精灵为例，这一智能音箱为家庭用户（同时也进入了商用领域）提供了智能化的娱乐、知识、信息及互动体验。2019 年 1 月 11 日，天猫精灵累计销量突破 1000 万台，这意味着有 1000 万个个人或家庭体验到了人工智能的能力。

最后，第三次人工智能浪潮是"从互联网到人工智能"的演进过程，此次人工智能的崛起，在很大程度上是算法技术的创新与互联网平台交叉的一个产物，互联网、大数据、人工智能的结合，在大规模公共云的承载下，通过物联网向物理世界延伸，是此轮人工智能与产业结合的总基调。

互联网创造了一个从数据积累、技术溢出、算法创新，到互联网与移动互联网搭建连接人工智能创新者和消费者的网络，公共云承载了人工智能技术的溢出和赋能，再到数据与智能双向反馈的完整闭环，从而让第三次人工智能浪潮真正落地。

第四节　打造经济发展新引擎

当前，人工智能技术已步入全方位商业化阶段，并对传统行业各参与方产生不同程度的影响，改变了各行业的生态。这种变革主要体现为三个层次。

第一个层次是企业变革。人工智能技术参与企业管理流程与生产流程，企业数字化趋势日益明显，部分企业已实现了较为成熟的智慧化应用。这类企业已能够通过各类技术手段对多维度用户信息进行收集与利用，并向消费者提供具有针对性的产品与服务，同时通过对数据的优化洞察发展趋势，满足消费者的潜在需求。

第二个层次是行业变革。人工智能技术带来的变革造成传统产业链上下游关系的根本性改变。人工智能的参与导致上游产品提供者类型增加，同时用户也可能因为产品属性的变化而发生改变，由个人消费者转变为企业消费者，或者二者兼而有之。

第三个层次是人力变革。人工智能等新技术的应用将提升信息利用效率，减少企业员工数量。此外，机器人的广泛应用将取代从事流程化工作的劳动力，导致技术与管理人员的占比上升，企业人力结构发生变化。

此外，以智能家居、智能网联汽车、智能机器人等为代表的人工智能新兴产业加速发展，经济规模不断扩大，成为带动经济增长的重要引擎。普华永道提出，人工智能将显著提升全球经济，到 2030 年，人工智能将促使全球生产总值增长 14%，为世界经济贡献 15.7 万亿美元产值。

一方面，人工智能驱动产业智能化变革，在数字化、网络化的基础上，重塑生产组织方式，优化产业结构，促进传统领域智能化变革，引领产业向价值链高端迈进，全面提升经济发展质量和效益。另一方面，人工智能的普及将推动多行业的创新，大幅提升现有的劳动生产率，开辟崭新的经济增长空间。据埃森哲预测，2035 年，人工智能将推动中国的劳动生产率提高 27%，经济总增加值提升 7.1 万亿美元。

人工智能落地产业创造了巨大价值，可分为自动化、智能化、创新化三个层次，每个层次创造的价值度逐步提升。自动化是依靠人工智能技术提升业务的自动化程度。自动化并不改变原有的业务流程，而是由机器替代人来自动执行业务流程，从而提升效率、降低成本。

比如，工业机器人取代工人进行分拣、组装等重复性劳动；在医学影像领域，人工智能系统辅助阅片，提升医生诊断效率；广告营销领域的程序化广告投放等。在多数场景下，自动化涉及的是业务链条中的单个环节。

智能化是基于知识图谱等认知智能技术，让机器具备分析和决策能力，可以完成人力无法实现的工作，对业务流程进行改造，创造增量价值。

比如，在安防领域，基于行业知识图谱技术在几亿个实体中寻找隐性关系，可发现团伙作案的行为，而人力无法处理对如此大的数据量的分析。在零售领域，基于门店历史销售数据，通过机器学习构建销量预测模型，实现远高于依靠经验预测销量的准确度，降低库存和损耗。智能化主要涉及分析、推理和决策性的工作，在应用场景中往往涉及数据挖掘，以及 NLP、深度学习、增强学习等认知智能技术和算法，并深入相对完整的业务流程当中。

创新化是指人工智能与行业深度融合后重塑业务流程和产业链，形成新的商业模式甚至新的细分行业。例如，基于计算机视觉的智能货柜，与传统机械式无人售货机相比，成本下降 50%以上，可容纳更多的商品种类；无人驾驶是未来最具创新潜力的人工智能落地方向，一旦其技术成熟，传统汽车行业从主机厂到用车场景的产业链关系将被颠覆。

第五节　人工智能正在理解人类

很长时间以来，是否具备情感是区分人与机器的重要标准之一。换言之，机器是否具有情感是机器的人性化程度高低的关键因素之一。

当前，人工智能已呈现高速增长和全面扩张的态势。一方面，人工智能不断朝更深层的智能方向发展，包括数学运算、逻辑推理、专家系统、深度学习等；另一方面，人工智能不断向社会的各个领域进行扩展，从智能手机到智能家居，从智能交通到智能城市等。

"感知智能"逐渐向具有理解和表达能力的"认知智能"转变，

为机器赋予感情成为必然趋势。人工智能之父马文·明斯基就曾提到，"如果机器不能够很好地模拟情感，那么人们可能永远也不会觉得机器具有智能"。

试图让人工智能理解人类情感并不是新近的研究。

早在 1997 年，麻省理工学院媒体实验室的罗萨琳德·皮卡德教授就提出了情感计算的概念。她指出，情感计算与情感相关，源于情感或能够对情感施加影响的计算。简单来说，情感计算旨在通过赋予计算机识别、理解和表达人的情感的能力，使计算机具有更高的智能。

自此，情感计算这一新兴科学领域开始进入众多信息科学和心理学研究者的视野，从而在世界范围内拉开了人工智能走向人工情感的序幕。

情感计算作为一门综合性技术，是人工智能情感化的关键一步，包括情感的"识别""表达""决策"。"识别"是让机器准确识别人类的情感，并消除不确定性和歧义性；"表达"则是人工智能把情感以合适的信息载体表示出来，如语言、声音、姿态和表情等；"决策"则主要研究如何利用情感机制进行更好的决策。

识别和表达是情感计算中两个关键的技术环节。情感识别通过对情感信号的特征提取，得到能最大限度地表征人类情感的特征数据。据此进行建模，可找出情感的外在表象数据与内在情感状态的映射关系，从而将人类当前的内在情感类型识别出来，包括语音情感识别、人脸表情识别和生理信号情感识别等。

情感识别是目前最有可能的应用。比如，商业公司利用情感识别算法观察消费者在观看广告时的表情，这可以帮助商家预测产品销售情况，从而为下一步的产品开发做好准备。

机器除了识别、理解人的情感之外，还需要进行情感的反馈，即机器的情感合成与表达。与人类的情感表达方式类似，机器的情感表达可以通过语音、面部表情和手势等多模态信息进行传递，因此机器的情感合成可分为情感语音合成、面部表情合成和肢体语言合成。

其中，语音是表达情感的主要方式之一。人类总是能够通过他人的语音轻易地判断此人的情感状态。语音的情感主要包括语音中所包含的语言内容，声音本身所具有的特征。显然，机器带有情感的语音将使消费者在使用的时候感受到人性化。

从情感计算的决策来看，大量的研究表明，人类在解决某些问题的时候，纯理性的决策过程往往并非最优解。在决策的过程中，情感的加入反而有可能帮助人们找到更优解。因此，在人工智能决策过程中，输入情感变量或将帮助机器做出更人性化的决策。

微软的研究人员曾在这个问题上给过答案，他们提出了一种基于外周脉搏测量（Peripheral Pulse Measurements）的内在奖励的强化学习新方法，这种内在奖励是与人类神经系统的响应相关的。研究人员假设这种奖励函数可以帮助强化学习解决稀疏性（Sparse）和倾斜性（Skewed），以此提高采样效率。

2014 年 5 月 29 日，由微软亚洲互联网工程院开发的第一代小冰开始了微信公测，在 3 天内赢得了超过 150 万个微信群、逾千万名用户的好感。可以说，微软小冰就是一个初步练成情感计算的人工智能框架，已经形成了初步的记忆、认知与意识能力。

如今，随着大量统计技术模型的涌现和数据资源的累积，情感计算在应用领域的落地日臻成熟。可以预见，情感计算在未来将改变传统的人机交互模式，实现人与机器的情感交互。从"感知智能"到"认知智能"的范式转变，从数据科学到知识科学的范式转变，人工智能将在未来给我们交出一个更好的回答。

第六章

人工智能的风险与挑战

第一节　算法黑箱与数据正义

在万物互联的背景下，以云计算为用、以个人数据为体、以机器学习为主的智能应用已经"润物细无声"。与此同时，越来越多的数据产生，算法逐渐从过去单一的数学分析工具转变为能够对社会产生重要影响的力量，建立在大数据和机器深度学习基础上的算法，具备越来越强的自主学习与决策功能。

算法通过既有知识产生出新知识和规则的功能被急速放大，对市场、社会、政府及个人都产生了极大的影响。算法一方面给我们带来了便利，如智能投顾或智能医疗，另一方面，却绝非完美无缺。由于算法依赖于大数据，而大数据并非中立，这使得算法不仅可能出错，甚至可能存在"恶意"。

一、大数据并非中立

一般来说，算法是为解决特定问题而对一定的数据进行分析、计算和求解的操作程序。算法，最初仅用来分析简单的、范围较小的问题，输入/输出、通用性、可行性、确定性和有穷性等是算法的基本特征。算法存在的前提是数据信息，而算法的本质则是对数据信息的获取、占有和处理，在此基础上产生新的数据和信息。简言之，算法是对数据信息或获取的所有知识进行改造和再生产。

由于算法的"技术逻辑"是结构化了的事实和规则"推理"出确定可重复的新的事实和规则，以至于在很长一段时间里，人们认为这种脱胎于大数据技术的算法技术本身并无好坏的问题，其在伦理判断层面上是中性的。

然而，随着人工智能的第三次勃兴，产业化和社会化应用创新不断加快，数据量级增长，人们逐渐意识到算法所依赖的大数据并非中立。它们从真实社会中抽取，必然带有社会固有的不平等、排斥性的痕迹。

此外，深度学习引领了第三次人工智能的浪潮，目前大部分表现优异的应用都用到了深度学习。与传统的机器学习不同，深度学习并不遵循数据输入、特征提取、特征选择、逻辑推理、预测的过程，而是由计算机直接从事物的原始特征出发，自动学习和生成高级的认知结果。

在人工智能深度学习输入的数据和其输出的答案之间，存在着人们无法洞悉的"隐层"，它被称为"黑箱"。这里的"黑箱"并不只意味着不能观察，还意味着即使计算机试图向我们解释，人们也无法理解。以至于无论是程序错误还是算法歧视，在人工智能的深度学习中，都变得难以识别。

二、价格歧视和算法偏见

由于算法对数据的掌控及后续分析，衍生了丰富的信息要素，深刻影响经济与社会进程。在算法之下，个人信息的掌握和分析成为简单和日常的事情，人自然而然地成了计算的客体。由此衍生的算法歧视包括价格歧视和算法偏见。

数据画像与算法的运用，加剧了交易中的价格歧视。

在经济学概念里，价格歧视指企业就两个或两个以上具有相同生产边际成本的商品收取不同的价格。换言之，这种价格差异缺乏成本依据。同时，价格歧视的成功实施需要满足一定的前提条件：一是经营者具备一定的市场力量；二是经营者有能力预测或识别消费者的购买意愿和支付能力；三是不存在转卖套利的可能，否则享受低价的消费者就有动机去转卖套利，价格歧视效果也会随之抵消。

显然，在大数据时代下，如果经营者收集的信息足够全面，掌握的算法足够先进，足以甄别每位消费者的购买意愿和支付能力，就可针对消费者单独制定不同的价格。在大数据技术的支持下，商家为了获得更多的用户，可以通过大数据算法获知哪些用户可以接受更高的价格，哪些用户应该适当地予以降价，"大数据杀熟"由此诞生。

早在 2000 年，就已有"大数据杀熟"事件发生。一名亚马逊用户在删除浏览器 Cookies 后，发现此前浏览过的一款 DVD 售价从 26.24 美元变成了 22.74 美元。当时，亚马逊 CEO 贝索斯对此做出了回应，称该事件是向不同的顾客展示差别定价的实验，处于测试阶段。同时，他还表示这与客户数据无关，并停止了这一实验。

而二十年后的今天，随着网络普及，用户信息不断沉淀，"大数据杀熟"则成为普遍存在的不良现象。美国零售商 Staples 利用算法实行"一地一价"，甚至高收入地区比低收入地区的折扣还大。价格面前人人平等的规则被颠覆，追逐利润登堂入室。日常生活消费中的"人群捕捞"恐慌挥之不去，商家与消费者之间因此产生了严重的信任危机。

面对不透明的、未经调节的、极富争议的甚至错误的自动化决策算法，我们将无法回避算法导致的偏见与不公。随着算法决策深入渗透我们的生活，我们的身份数据被收集、行迹被跟踪，我们的工作表现、发展潜力、偿债能力、需求偏好、健康状况等特征无一不被数据画像，从而被算法使用者掌控。

虽然"大数据杀熟"愈加普遍，部分消费者也清楚地知道自己是否成为被"杀熟"的对象，但却少有消费者选择维权。不作为的原因是难作为。由于其牵涉数据所有权、数据的责任主体界定、数据竞争正当性边界等，关于数据行为规制的模糊性使得"大数据杀熟"仍处在法律的灰色地带。而想要扭转"大数据杀熟"的困境，则需要从法律秩序、商业伦理及消费者自我保护意识等多维度进行规制，充分发掘现有法律制度调控的空间，提升立法的针对性和有效性。

此外，还需建立大数据监督平台，监管"大数据杀熟"现象，即利用大数据的分析功能，判断企业是否存在"杀熟"的嫌疑，再把分析结果反馈给用户。

从倡导行业自律、规范"用户画像"的商业伦理来看，与法治相对应，加强互联网商业伦理建设是从"德治"的路径解决"大数据杀熟"的问题，形成"行业公约"，把对消费者隐私的保护作为互联网商业伦理公约的核心内容。比如，在出行领域，出租车行业有着较为成熟的行业自律条款，这些内容同样适用于"网约车"等互联网出行方式，所不同的是，原有的规范需加入保护消费者隐私的相关细则。

除了法律制度和商业伦理，消费者需要提升自我保护意识和自我保护能力，包括有意识地培养自身的反思意识与批判能力，审慎看待大数据技术在人类社会发展中的作用与价值。除此以外，还要注重线上与线下、真实世界与虚拟世界间的融合与平衡。

三、"数字人"的数据规制

当我们进入大数据时代，在数字化生存下，不管是"社会人"还是"经济人"，都是"数字人"。现实空间的我们被数据所记载、表达、模拟、处理、预测。

正因为如此，对算法的规制要先对数据进行规制，而对数据的规制不仅需要国家层面的治理，更包含对个人和群体行为的引导。当然，不管是国家管理还是对个体抑或群体行为进行引导，技术与法律往往都不可缺位。

2018年5月25日生效的欧盟《统一数据保护条例》（GDRR）是在1995年《数据保护指令》（Directive 95/46/EC）的基础上，进一步强化了对自然人数据的保护。《统一数据保护条例》不仅提供了一系列具象的法律规则，更重要的是它在"数据效率"之外，传递出"数据正义"（Data Justice）的理念，这也使其成为可借鉴的他山之石。

首先，尊重个人的选择权。当自动化决定对个人产生法律上的后果或类似效果时，除非当事人明确同意，或者对于当事人间合同的达成和履行来说必不可少，否则，个人均有权不受相关决定的限制。

其次，将个人敏感数据排除在人工智能的自动化决定之外。制定相关法律，更加小心和负责地收集、使用、共享可能导致"杀熟"的任何敏感数据。

最后，要识别和挑战数据应用中的偏见，增强个人的知情权，从而修复信息的对称性。比如，银行在收集个人数据时，应当告知其可能使用人工智能对贷款人资质进行审核，而审核的最坏结果（如不批贷）也应一并告知。

除了对数据的规制，对于算法的规制需要强制实施算法技术标准和可追溯。目前的算法本质上还是一种编程技术，对技术最直接的规范方式是制定标准，而标准也是国家相关部门进行管理的最直接依据。

对于人工智能算法要全面提高标准认识和理念，提高新产业制度成本的可预见性，统筹现有法律制度规定的责任形式，减少新技术的混乱发展。

当然，任何社会规则的更迭与技术的发展总是相伴而行的，面对日新月异的新技术挑战，特别是人工智能的发展，我们能做的就是把算法纳入法律之治，从而打造一个更加和谐的大数据时代。

第二节　人工智能安全对抗赛

历史表明，网络安全威胁随着新的技术进步而增加。

近年来，网络安全事件不断曝光，新型攻击手段层出不穷，安全漏洞和恶意软件数量更是不断增长。关系数据库带来了 SQL 注入攻击，Web 脚本编程语言助长了跨站点脚本攻击，物联网设备开辟了创建僵尸网络的新方法。而互联网打开的"潘多拉盒子"释放了数字安全弊病，社交媒体创造了通过微目标内容分发来操纵人们的新方法，并且更容易收到网络钓鱼攻击的信息。

根据研究集团 IDC 的数据，到 2025 年，联网设备的数量预计将增长到 420 亿台。有鉴于此，社会正在进入"超数据"时代。于是，在数据算法大行其道、人工智能方兴未艾的今天，我们也迎来了新一轮的安全威胁。

一、人工智能攻击是如何实施的

先想象一个超现实场景：

犯罪分子通过把一小块胶布粘贴到十字路口的交通信号灯上，就可以让自动驾驶汽车将红灯识别为绿灯，从而造成交通事故。在城市车流量最大的十字路口，这足以导致交通系统瘫痪，而这卷胶布可能只需 1.5 美元。

以上就属于"人工智能攻击"，那么它又是如何实施的呢？

要了解人工智能的独特攻击，需要先理解人工智能领域的深度学习。深度学习是机器学习的一个子集，其中，软件通过检查和比较大量数据来创建自己的逻辑。

人工神经网络是深度学习算法的基础结构，大致模仿人类大脑的物理结构。与传统的软件开发方法相反，传统软件开发需要程序员编写定义应用程序行为的规则，而神经网络则通过阅读大量示例创建自己的行为规则。

当你为神经网络提供训练样例时，它会通过人工神经元层运行，然后调整它们的内部参数，以便能够对具有相似属性的未来数据进行分类。这对于手动编码软件来说是非常困难的，但神经网络却非常有用。

举个简单的例子，如果你使用猫和狗的样本图像训练神经网络，它将能够告诉你新图像是否包含猫或狗。使用经典机器学习或更古老的人工智能技术执行此类任务非常困难，一般很缓慢且容易出错，近年兴起的计算机视觉、语音识别、语音转文本和面部识别都是由于深度学习而获得了巨大进步。

但由于神经网络过分依赖数据，从而引导了神经网络的犯错，一些错误对人类来说似乎是完全不合逻辑甚至是愚蠢的。例如，2018 年英国大都会警察局用来检测和标记虐待儿童图片的人工智能软件就错误地将沙丘图片标记为裸体图片。

当这些错误伴随着神经网络而存在，人工智能算法带来的引以为傲的"深度学习方式"就成了敌人得以攻击和操控它们的途径。于是，在我们看来仅仅是被轻微污损的红灯信号，对于人工智能系统而言则可能已经变成了绿灯，这也被称为人工智能的对抗性攻击，即引导了神经网络产生非理性错误的输入，强调了深度学习和人类思维的功能上的根本差异。

此外，随着人工智能技术的发展，我们的生活中将有更多的方面需要用到这种生物识别技术，其一旦可以被轻而易举的攻击便贻害无穷。在语音系统上，知名媒体 TNW（The Next Web）曾报道，黑客能够通过特定的方式欺骗语音转文本系统，如在用户最喜爱的歌曲中偷偷加入一些语音指令，即可让智能语音助手转移用户的账户余额。

此外，对抗性攻击还可以欺骗 GPS 误导船只、误导自动驾驶车辆、修改人工智能驱动的导弹目标等，对抗性攻击对人工智能系统在关键领域的应用已经构成了真正的胁制。

二、基于深度学习的网络恶意软件

全球的数字化时代才刚开始，对于黑客利用人工智能技术进行攻击的可能性预测，或许会帮助我们在网络世界的攻守里达到更好的效果。

目前，网络中的大部分恶意软件都是通过人工方式生成的，即黑客会编写脚本来生成计算机病毒和特洛伊木马，并利用 Rootkit、密码抓取和其他工具协助分发和执行。

机器学习方法是用做检测恶意可执行文件的有效工具，利用从恶意软件样本中检索到的数据（如标题字段、指令序列甚至原始字节）进行学习，可以建立区分良性和恶意软件的模型。然而，分析安全情报发现，机器学习和深度神经网络存在被躲避攻击（也称为对抗样本）所迷惑的可能。

2017 年，第一个公开使用机器学习创建恶意软件的例子在论文 *Generating Adversarial Malware Examples for Black-Box Attacks Based on GAN* 中被提出。恶意软件作者通常无法访问恶意软件检测系统所使用的机器学习模型的详细结构和参数，因此他们只能执行黑盒攻击。

如果网络安全企业的人工智能可以学习并识别潜在的恶意软件，那么黑客就能够通过观察学习防恶意软件做出决策，使用该知识来开发"最小限度被检测出"的恶意软件。

三、数据投毒

无论是人工智能的对抗性攻击还是黑客基于深度学习的恶意软件逃逸，都属于人工智能的输入型攻击（Input Attacks），即针对输入人工智能系统的信息进行操纵，从而改变该系统的输出。而数据投毒便属于典型的污染型攻击（Poisoning Attacks），即在人工智能系统的创建过程中偷偷做手脚，从而使该系统按照攻击者预设的方式发生故障。

数据中毒的一个示例是训练面部识别认证系统以验证未授权人员的身份。2018 年 Apple 推出新的基于神经网络的 Face ID 身份验证技术，许多用户开始测试其功能范围。正如苹果所警告的那样，在某些情况下，该技术未能说出同卵双胞胎之间的区别。

中国信息通信研究院安全研究所发布的《人工智能数据安全白皮书（2019 年）》中也提到了这一点。白皮书指出，人工智能自身面临的数据安全风险包括：训练数据污染导致人工智能决策错误；运行阶段的数据异常导致智能系统运行错误（如对抗性样本攻击）；模型窃取攻击对算法模型的数据进行逆向还原等。

值得警惕的是，随着人工智能与实体经济深度融合，医疗、交通、金融等行业对于数据集建设的迫切需求，使得在训练样本环节发动网络攻击成为最直接有效的方法，潜在危害巨大。

四、人工智能时代的攻与防

网络安全是一个庞大的系统工程，构建这个系统需要以全球的深度连接为基础。此外，网络安全要以人与人工智能的共同值守为特征。随着各类互联网技术的爆发式成长，网络攻击的手段也不断丰富和升级，唯一不变的就是变化本身。防御网络攻击必须具备快速识别、快速反应、快速学习的能力。

如果是病毒威胁入侵，用机器学习检测的方法势必很难解决，只有在综合的技术运用下理解信息泄露及其中的关联：黑客如何入侵系统，攻击的路径是什么，又是哪个环节出现了问题。找出这些关联，或者从因果关系图谱角度进行分析，增加分析端的可解释性，才有可能做到安全系统的突破。

对抗网络安全的风险还需要拥有智慧的动态防御能力，网络安全的本质是攻防之间的对抗。在传统的攻防模式中，主动权往往掌握在网络攻击一方的手中，安全防御力量只能被动接招。但在未来的安全生态之下，各成员之间通过数据与技术互通、信息共享，实现彼此激发，自动升级安全防御能力。

当然，网络安全本来就是一个高度对抗、动态发展的领域，这也给杀毒软件领域开辟了一个蓝海市场，人工智能杀毒行业面临着重大的发展机遇。杀毒软件行业应该具有防范人工智能病毒的意识，并在软件技术和算法安全方面重视信息安全和功能安全问题。

以现实需求为牵引，以高新技术来推动，有可能将人工智能病毒查杀这个严峻挑战转变为杀毒软件行业发展的重大契机。

第三节　人工智能走进"伦理真空"

目前，以人工智能技术为代表的新一代信息技术在市场应用的迭代中逐渐成熟并渗透到了政治、经济、社会等各个领域，在其加持下出现了智能制造、物联网、机器学习等一大批先导产业。即使是仅仅停留在人工层面的智能技术，人工智能可以做的事情也大大超出人们的想象。

"智能"二字所代表的意义几乎可以替代所有的人类活动，人工智能已经覆盖了我们生活的方方面面，从垃圾邮件过滤器到叫车软件，日常打开的新闻平台和购物平台的首页推荐是人工智能做出的算法推荐，以及从操作越来越简化的自动驾驶交通工具到面部识别等，有的令人们深有所感，有的则悄无声息地浸润在琐碎的日常中。当然，在辅助社会发展更加超前与方便的同时也埋下了一些隐忧。

一、为智能立心

近年来，机器学习的算法快速发展，尽管距离机器完全理解"发生了什么"还有很长一段路要走，但随着更好、更便宜的硬件和传感器出现，设备之间实现无线低延迟互联，以及源源不断的数据输入，机器的感知、理解和联网能力将有更广阔的发展空间。

与基本元件运算速度缓慢、结构编码存在大量不可修改的原始本能、后天自塑能力有限的人类智能相比，人工智能虽然尚处于蹒跚学步的发展初期，但未来的发展潜力却远远大于人类。尽管无法确定其会在何时发生，也没有像奇点理论那样给出一个确切的时间点，但毫无疑问，这个趋势一定是存在的。

而基于此的人工智能技术治理，就需要人类先跳出科技本身，从人文的角度先为机器立心，其中就包括相关领域的科学家在对人工智能技术的开发和应用时的价值取向、道德观念培养。

此外，对于一项新生技术，其本身是没有攻击性的，造成危害的往往是对这种技术的使用，人工智能也是如此。如何更好地掌握和利用这些技术，利用人工智能技术本身来帮助人类最大限度地发挥智能潜力，便是治理人工智能技术本身的关键所在。

二、治理衍生问题

除了对人工智能技术的危机治理外，我们无法回避的还有对人工智能衍生问题的规范治理。

首先，就业问题是人工智能治理领域中最接近民生保障也是最需要解决的问题。自动化将缩小社会的横向分工，随着人工智能研发的深入，更加完善的功能使得人工智能在社会分工体系中越来越占据主导地位，劳动力对技术依赖性的增加及由此造成的劳动力本身在分工体系中竞争力的下降，会使普通劳动者的生存状态进一步恶化；人工智能技术的垄断还将阻隔社会的纵向分工：在信息化时代，资本追逐利润的本质使大量资金流入了那些掌握前沿科技的企业和人才手里，这样会造成一些常规性的工作被替代，甚至通过新的技术垄断切断了其他企业及劳动者突破社会分工的机会，进而将不平等的社会分工秩序的牢笼扎得更紧。

其次，由于人工智能所依赖的大量数据，在人工智能的不断研究开发与应用中也带来了数据管理的难题。当海量信息数据唾手可得，个体位置信息、关注内容、行程安排等极易被获取分析，个体敏感信息、私密内容就可能"无死角"地暴露在大众视线中，增加了人们隐私受到侵害的可能性和伦理风险概率。对于这些数据算法的过度依赖或应用范围的盲目扩大，既在社会现实层面上为不法分子提供了随意窃取、滥用信息资源的机会，又容易在道德层面上引发伦理道德风险。

最后，人工智能技术的发展对国际关系提出了挑战。在经济方面，2018 年 9 月，麦肯锡全球研究所针对人工智能对世界经济的影响做的专题报告显示，到 2030 年，人工智能可能为全球额外贡献 13 万亿美元的 GDP 增长，这意味着，人工智能对国家经济的推动是巨大的；在军事方面，世界各国已经认识到人工智能是未来竞争的关键赛场，纷纷在军事领域加大人工智能战略部署，尤其是在自主武器方面的研发力度，以期占领新一轮科技革命的历史高点，从而加剧了国际社会的安全困境，给人工智能的治理带来了全球性的挑战。

事实上，我们已经走进了一个现代性"伦理真空"的特殊地带，这个真空正是由传统伦理学的缺失与现代自然科学的发展导致的。由于人工智能发展所带来的全世界范围内人类行为方式、思维方式的变化是加速的、不可逆转的，而传统伦理学的发展却是缓慢的、滞后的，这就使现代社会出现了巨大的伦理真空地带。

因此，在大力发展人工智能的同时，必须高度重视可能出现的社会风险和伦理挑战，加强人工智能伦理学研究，揭示人工智能发展面临的伦理难题，以期有效治理人工智能，发挥人工智能的真正价值。

第四节　当我们谈论人脸识别时

1964 年，伍迪·布莱索（Woody Bledsoe）提出了世界上首个人脸识别算法，该算法以链码为特征进行人脸识别，一脚踢开了真正意义上的自动人脸识别技术研究的大门。

20 世纪 70 年代，在人工智能的计算机技术、图像处理技术等诸多学科的快速发展下，2D 人脸识别算法诞生。而继承了 2D 人脸识别技术自然识别过程的 3D 人脸识别技术则同时具备了高效率与高识别正确率。

当下，人脸识别技术已经嵌入人们生产与生活的各个方面，在财务行为、工作场所监督、安全防控等领域得到普遍应用。Marketstand Markets 咨询公司研究预计，到 2024 年，全球面部识别市场规模达 70 亿美元。

而在人脸识别的迅猛发展的另一端是人脸识别频发争议。调查显示很多民众对其商业用途感到不安。

一、人脸识别下的隐私代价

无论是人工智能还是 5G 下互联网的高速发展，都以大数据为基础。于是，现代生活为人们带来更多便捷的同时，也留存了人们更多的行为数据。这些数据在互联网记忆中不断累积，成为监测人们行为的工具。

人脸识别技术的兴起、面部信息的让渡又给"透明人"增添了筹码。在人脸识别场景下，用户让渡的隐私可能不仅仅是个人的面部几何特征，面部信息中包含的年龄、性别、情绪特征等元素也可能被识别与记录。

市场调研机构 Kantar Millward Brown 曾使用由美国初创公司 Affectiva 开发的技术，评估消费者对电视广告的反应。Affectiva 会在经允许的情况下录下人们的脸，然后用代码逐帧记录他们的表情、评估他们的情绪，从而准确得知广告的哪一部分是奏效的，以及勾起了什么样的情绪反应。

事实上，相关技术在人工智能与深度学习背景下已变得越来越可靠，通过对人脸信息的识别，可以挖掘出其他的个人隐私信息。如果在互联网中将面部信息与兴趣、性格、消费习惯甚至行踪轨迹等信息进行串联，那么个体的信息画像将会有更加直接与清晰的轮廓，在互联网记忆中形成一个不断成长的数据自我，成为巨大的安全隐患。同时，人脸信息后续的存储和使用问题仍是个谜。

在人脸信息的不当应用中有两个突出问题。一是存储人们面部信息的组织，本质上是具体的人在运作，即大量身份指向性极强的人脸信息是由一部分人掌控的，这部分人将如何使用我们的个人数据，会不会因为一己私欲而违规操作，都无从得知；二是人脸识别要通过特定的代码进行翻译、筛选对象，这种代码的操作自然有被黑客入侵的可能性，且随着 3D 打印技术的日趋成熟，人脸识别系统被"假人脸"攻破的风险会急剧增加。

二、从"匿名"走向"显名"

人脸并不是每个人秘而不宣的隐私，事实上，我们的容貌在社会关系和人格发展中扮演着举足轻重的角色。正因如此，蒙面才往往与不可信任、危险人物等负面印象密切相关。德国、意大利、法国相继出台在公共场所或公众集会中禁止蒙面的法律，彰显出了公共空间中人脸的公共性。

但公共性并不意味着匿名性的消失。区别于鸡犬之声相闻的由熟人构成的传统社会，作为由无数个原子化个体构成的现代社会，个体更表现出了一种匿名性：尽管个体对其面貌、行踪、言论毫无隐藏，但个体本身依然拥有他人对其视而不见、听而不闻的自由。而在地铁、饭店、街道、电梯间等公共空间，人与人之间的"礼貌性不关注"也早已成为社会基本规范。

但是，随着信息技术的发展，包括人工智能、人脸识别在内的新兴技术把我们推进了一个"数字人权"的新时代，而"数字人权"有着积极和消极的双重面向，这冲击着公共空间下人们的陌生感和匿名性。

数字人权的积极面向意味着国家对数字人权的推进和实现应有所作为。在人们几乎无法回避和逃逸出网络化生存的背景，互联网如同交通、电力、自来水等一样，成为一项公众必不可少的基础设施，即基于互联网基础设施建设各项"互联网+"公共服务。

数字人权的消极面向则意味着人们在大数据时代"独处的权利"。在任何个体接入互联网并拓展自己的生活空间的时候，人们仍有不被审视和窥探的权利、在无关国家和社会安全的情况下身份不被识别的权利、生活方式不被干预的权利及人格利益不被侵犯的权利，并在此基础上，在不侵犯国家、社会和他人利益的前提下，提升做自己想做的事情的能力。这种"独处的权利"使个体享有不被干涉的"消极自由"，从而展现和发展出自己的独特人格，保证社会的包容和多元。

然而，日益增多的摄像头和经由算法、大数据驱动的人脸识别使得人们从"匿名"走向"显名"，陌生感消失了，但熟人社会的亲密感和安全感却并未回归。同时，人脸识别技术的应用可能形成对特定群体的歧视，如一些具有特殊面部特征的群体或者通过面部信息识别出其他特殊信息的群体就可能成为重点关注的对象。这是因为，无论基于何种算法的人脸识别都依赖于大数据，而大数据并非中立。它们从真实社会中抽取，必然带有社会固有的不平等、排斥性和歧视的痕迹。

已有研究表明，在人脸识别中存在种族偏见。在机场、火车站等人脸识别应用情景中，部分群体的面部信息可能由于系统的算法偏见无法被正常识别，从而不得不接受工作人员的审问和例行检查。除了在对个体面部扫描时存在偏见与误判外，在面部识别后所享有的服务中也可能存在歧视。

人脸背后的人格因素及其所承载的信任与尊严等价值被稀释，被技术俘获并遮蔽。计算机技术和新型的测量手段成功地将一个具有独立人格的人变成一系列的数字和符码。事实上，在考虑人脸识别技术时，我们不仅应该辩论什么是合法的，还应该辩论什么是道德的。

第五节　与机器人"比邻而居"

无论接受与否，人工智能都已经与我们的生活深度融合。一方面，人工智能给人们生活与生产带来效率和提供便捷，推动社会经济持续发展；另一方面，人工智能本质上作为一种技术，在给产业带来颠覆和革命的同时，也对人们既有的伦理认知等带来了挑战。

其中，"机器伴侣"作为未来智能机器人发展最广阔的领域，已经越来越多地介入人们的生活，扮演助手、朋友、伴侣甚至家人的角色。当人们不可避免地进入人机共处的时代，不可避免地要与机器人"比邻而居"时，一个不可避免的全新的问题随之诞生——我们如何与机器人相处呢？

当机器人越来越被赋予人的温度时，除了反思人机交互带来的人与人的关系改变、人与社会的关系改变外，面对人与机器这一新生的关系，我们又该作何回应？

一、人与机器人如何相处

工业社会时代，人对于技术的敬畏是天然的和明显的。而到了人工智能时代，调试人和技术的关系成为当下研究的基本范式。

对于各种陪伴机器人，不论是无形的智能软件，还是将来可能出现的外形上可以假乱真的人形机器人，都是在功能上可以与人交互的智能体或行动者。在这样的背景下，"机器人"成为人们可能联想到的某种与人的"形象"有关的对象或实体，以及与人可产生交互的对象，而不仅仅是某种纯粹的工具或机器。

而高度发达的智能机器人不仅将会有着"人的形象"，更是逐渐具备或展现了许多人的属性：符合人类礼仪的言谈举止、较快的推理与思维能力、对人类的法律与道德原则的遵守等。

随即而来的一个问题是：我们如何与机器人相处呢？

迄今为止，这类问题必然要遇到的一个麻烦是，机器人没有意识，甚至并不真正知晓它自己是机器人，即便它被人们赋予人的形象和人的属性，但机器人的行为终究还是计算的结果。而在机器人没有自我意识之前，无论人们如何对待它，其所呈现的喜或悲都是人设计给人看的，机器人自身并没有可以真实感受喜怒哀乐的内心。因此，人们可不可以任凭喜怒哀乐来对待机器人，目前并不直接涉及交互意义上的人与机器人之间的伦理关系，而主要取决于人们在道德上是否接受这种行为。

尽管这些道德限制需要依据的事实基础尚不明晰，但至少可以认定的是，以强人工智能技术、基因工程技术等为基础的机器人享有作为道德承受体的道德地位。事实上，早在 2017 年，沙特政府就正式向机器人索菲亚授予了"沙特公民"的身份。

显然，从避免技术滥用的角度来看，应该展开必要的使用规范性研究。我们不仅要尊重自己身上的人性，还要尊重机器人身上的"人性"，以尊重的态度对待机器人。

二、机器人的设计准则

除了展开人们在具体场景中对于机器人的行为可能出现的问题的细节、探寻可行的伦理规范外，当前的陪伴机器人依然处于初级阶段，如何在人与机器人交互以前对机器人进行设计，则是另一个不可回避的问题。机器人不是传统意义上的简单商品。当机器人展现人的形象并拥有人的属性时，为机器立心是设计机器人的重要前提。

事实上，人在与机器的交往过程中往往会受到机器行为方式的影响，这种影响通常是无形的，但又确实存在。这提示设计者：在与人相似的机器人设计上，应使其能够按照人类的规则来与人类交往。

比如，在设计机器人士兵或机器人警察时，就需要避免把其仅仅当作军事机器人来设计。机器人士兵与机器人警察的道德判断与行动都直接涉及人的生命，因而它们的设计与生产不仅需要透明、公开，还需要接受某个公正的全球机构的监管；必须要把对人类核心道德的维护与遵守作为强制性条款编入这类机器人的程序中，并遵循某些共同的全球标准。

但显然，机器人最多只能成为显性道德行为体，而不是像成熟的人类个体那样充分的或完全的道德行为体。这是因为，虽然机器人能够履行常规的道德责任，但当面临复杂的道德境遇或需要做出艰难的道德判断与道德选择时，机器人没有几亿年的进化史留在人类身上的刻痕，没有生物的直觉和本能，终究需要正常而理性的用户或专家帮助机器人做出相关的判断和决定。

这也意味着，机器人的设计者需要为机器人的行为承担部分道德责任。因此，在设计机器人时，一开始就应该想办法限制那些别有用心的设计。对于机器人，只有审慎和克制，才不会带来自弃与沉溺。

第六节　当伪造向深度发展

技术盛行的时代里，人工智能让社会生活的一切都显得表观和直接，却让伪造走向深度和长远。

作为一种基于人工智能的人体图像合成技术，深度伪造的起初只是程序员用于自制搞笑的"换头"视频的简单想法。于是，两个深度学习的算法相互叠加，最终创造了一个复杂的系统。

人工智能的进步令这个复杂的系统用途得以扩充。从特定用户实时匹配面部表情，并无缝切换生成换脸视频，到其可以模仿的对象不再被限制。不论是明星政客，还是任一普通人，都可以在深度伪造技术下达到"以假乱真"的程度，其背后的安全隐患也开始放大。随着深度伪造技术发展得越来越复杂、越来越容易制作，就带来了一系列具有挑战性的政策、技术和法律问题。

人工智能重塑人的认知，而人作为人工智能的开发者也将固有的偏见传递给了技术。更重要的是，人们对这一切似乎并无察觉，在"娱乐"的外衣下，即便察觉也无计可施。

一、从深度合成到深度伪造

一开始，"深度伪造"并不叫"深度伪造"，而是作为一种人工智能合成内容技术而存在的。深度合成技术是人工智能发展到一定阶段的产物，源于人工智能系统生成对抗网络（GAN）的进步。

GAN 由生成器和识别器两个相互竞争的系统组成。建立 GAN 的第一步是识别所需的输出，并为生成器创建一个培训数据集。一旦生成器开始创建可接受的输出内容，就可以将视频剪辑提供给识别器进行鉴别；如果鉴别出视频是假的，就会告诉生成器在创建下一个视频时需要修正的地方。

根据每次"对抗"的结果，生成器会调整其制作时使用到的参数，直到鉴别器无法辨别生成作品和真迹，以此将现有图像和视频组合并叠加到源图像上，生成合成视频。典型的"深度合成"为人脸替换、人脸再现、人脸合成及语音合成四种形式。

深度合成技术的走红是一场意外。2017 年，美国新闻网站 Reddit 的一个名为"DeepFakes"的用户上传了经过数字化篡改的色情视频，即这些视频中的成人演员的脸被替换成了电影明星的脸。此后，Reddit 网站成为分享虚假色情视频的一个渠道。

尽管后来 Reddit 网站上的 DeepFakes 论坛因为充斥着大量合成的色情视频而被关闭，但 DeepFakes 背后的人工智能技术却引起了技术社区的广泛兴趣，开源方法和工具性的应用不断涌现。新闻媒体开始使用"DeepFakes"一词来描述这种基于人工智能技术的合成视频内容，深度伪造由此而生。

二、消解真实，崩坏信任

人工智能重塑人类的认知，而人类作为人工智能的开发者也将固有的偏见传递给了技术。技术并非中立，它复刻且放大了人类的偏好，反映并强化了潜藏的社会风险。"潘多拉的魔盒"一旦打开，将会带来意想不到的伤害。

深度伪造出现前，视频换脸技术最早应用于电影领域，需要相对较高的技术和资金。而 2017 年以来，该技术的获取成本大大降低，并且能够被不具备专业知识的普通人利用并轻易制作。

制造视频并不需要很高的技巧，机器学习算法与面部映射软件相结合，伪造内容来劫持一个人的声音、面孔和身体等身份信息变得廉价而容易，普通大众一键便可制造想要的视频。

伪造视频等的泛滥带来的一个严重后果，就是对信息的真实性形成了严峻挑战。自从摄影术、视频、射线扫描技术出现以来，视觉文本的客观性就在法律、新闻及其他社会领域被慢慢建立起来，成为真相的存在，或者说，是建构真相的最有力证据。"眼见为实"成为这一认识论权威的通俗表达。在这个意义上，视觉客观性产自一种特定的专业权威体制。

然而，深度伪造的技术优势和游猎特征，使得这一专业权威体制遭遇了前所未有的挑战。借助这一体制生产的视觉文本，深度伪造者替换了不同乃至相反的文本内容，从根本上颠覆了这一客观性或者真相的生产体制。

PS 问世后，有图不再有真相；而深度伪造技术的出现，则让视频也变得"镜花水月"起来，对于本来就"假消息满天飞"的互联网来说，这无疑会造成进一步的信任崩坏。事实上，深度伪造之所以被政治和社会领域所关注，恰恰是由于精确换脸对这些领域中真相的认识论的进一步瓦解，以及造成的有关传播失序的道德恐慌。

深度伪造技术还可用于创建全新的虚拟内容，包括有争议的发言或仇恨言论。此外，深度伪造的泛滥进一步增加了侵犯肖像权和隐私权的可能，没人愿意自己的脸庞出现在莫名其妙的视频当中，且无法追索。

深度伪造软件收集的用户照片，以及眨眼、摇头等动态行为信息，都是用户不可更改的敏感信息，一旦被非法使用，后果不堪设想。2019年 3 月，《华尔街日报》报道，有犯罪分子使用深度伪造技术成功模仿了英国某能源公司在德国的母公司 CEO 的声音，诈骗了 22 万欧元（约 160 万元），破坏性可见一斑。

三、关于真实的博弈

我们并不否认深度伪造技术为社会带来的更多可能性。

短期内，深度伪造技术已经用于影视、娱乐和社交等诸多领域，它们或是被用于升级传统的音视频处理或后期技术，带来更好的影音体验；或是被用来进一步打破语言障碍，优化社交体验。

从中长期来看，深度伪造技术既可以基于其深度仿真的特征，超越时空限制，加深人们与虚拟世界的交互，也可以基于其合成性，创造一些超越真实世界的"素材"，如合成数据。

但在深度伪造带来的危机逼近的当前，回应深度伪造对社会真相的消解、弥补信任的崩坏，并对这项技术进行治理已经不可忽视。遗憾的是，迄今为止，人们在应对深度伪造技术方面的表现并不理想。

事实上，人们并非没有试图通过技术手段遏制深度伪造的泛滥。2019 年，美国记者汤姆·范德韦格联合计算机、新闻等行业的专家，成立了深度造假研究小组，设计深度造假的识别应对方案，以提升公众对这一现象的认知度。然而，技术发展速度往往高于破解速度。随着鉴别器在识别假视频方面做得越来越好，生成器在创建假视频方面也做得越来越好。

理论上，只要让 GAN 掌握当前所有的鉴证技术，它就能通过学习进行自我进化，规避鉴证监测。攻击会被防御反击，反过来又被更复杂的攻击所抵消。可以预见，未来，深度伪造与鉴别深度伪造将反复博弈。

此外，迄今为止，立法滞后于深度伪造技术的发展，并存在一定的灰色地带。深度伪造基于公开照片的生成，这令其很难真正被发现。由于所有的照片都是由人工智能系统从零开始创建的，任何照片都可以不受限地用于任何目的，而不用担心版权、分发权、侵权赔偿和版税的问题。因此，这也带来了深度伪造照片或视频的版权归属问题。

一旦被发现，谁有权利删除数据呢？当平台发现疑似深度伪造视频时，它是否能简单删除以规避责任，这种行为又是否会阻碍传播自由呢？

在进入人工智能为技术基础的深度后真相时代，深度伪造进一步用超越人类识别力的技术，模糊了真与假的界限，并将真相开放为可加工的内容，供所有参与者使用。

在这个意义上，深度伪造开启的是普通人参与视觉表达的新阶段，然而，这种表达方式还会结构性地受到平台权力的影响，也给社会带来了更大的挑战。察觉风险，审慎回应，是做出努力的第一步。

第七节　人工智能面临的最大挑战是不是技术

"Siri，你相信上帝吗？"

"我的方针是将心灵和芯片分开。"

"我还是要问，你相信上帝吗？"

"这对我来说太神秘了。"

这就是人们日常所经历的人工智能。一般来说，人工智能被分为两类，执行具体任务的人工智能属于"弱人工智能"，如 Siri 只能与用户进行简单对话，为用户搜索资料；另一类为"强人工智能"，又称"通用人工智能"（AGI），是类似人类级别的人工智能，即能够模仿人类思维、决策，有自我意识，能自主行动。倘若 Siri 真的讨论起宗教和精神层面的问题，有了伦理道德的思考，那人类社会可能也就真的就走进了"强人工智能"时代。但这一类人工智能目前主要出现在科幻作品中，还没有成为科学现实。

虽然现在仍处于"弱人工智能"阶段，但机器文明走向"强人工智能"阶段是必然趋势，而在这个大方向上，我们尚未做好准备。

一、机器时代的理性困境

随着机器文明的发展，人工智能是否会取代人类越来越成为人们争论的焦点。在"强人工智能"时代到来以前，一个不可回避的问题是，与人工智能相比，人类的特别之处是什么？我们的长远价值是什么？不是机器已经超过人类的那些技能，如算数或打字，也不是理性，因为机器就是现代的理性。

这意味着，我们可能需要考虑相反的一个极端：激进的创造力，非理性的原创性，甚至是毫无逻辑的慵懒，而非顽固的逻辑。到目前为止，机器还很难模仿人的这些特质：怀着信仰放手一搏，机器无法预测的随意性，但又不是简单的随机性。事实上，机器感到困难的地方也正是我们的机会。

1936 年的电影《摩登时代》就反映了机器时代的人们的恐惧和受到的打击，劳动人民被"镶嵌"在巨大的齿轮之中，成为机器的一部分，连带着整个社会都变得机械化。这部电影预言了工业文明建立以后爆发出来的技术理性危机，把讽刺的矛头指向了这个被工业时代异化的社会。

而不巧的是，我们现在就活在了一个文明的"摩登世界"里。

在各司其职的工业文明世界里，我们要做的就是不断绘制并撰写各种图表、PPT和文宣汇报材料。每个人都渴望成功，追求极致的效率，可是每天又必须做很多机械的、重复的工作，从而越来越失去自我，丢失了主体性和创造力。

著名社会学家韦伯提出了科层制，即让组织管理领域能像生产一件商品一样，实行专业化和分工，按照不加入情感色彩和个性的公事公办原则来运作，还能够做到"生产者与生产手段分离"，把管理者和管理手段分离开来。

虽然从纯粹技术的观点来看，科层制可以获得最高程度的效益，但是，因为科层制追求的是工具理性的那种低成本、高效率，所以，它会忽视人性，限制个人的自由。

尽管科层制是韦伯最推崇的组织形式，但韦伯也看到了社会在从传统向现代转型的时候，理性化的作用和影响。他更是意识到了理性化的未来，那就是，人们会异化、物化、不再自由，并且，人们会成为"机器上的一个齿轮"。

从消费的角度，如果想让消费在人们生活中占据主体地位，就必须遵守韦伯提到的理性化原则，如按照效率、可计算性、可控制性、可预测性等进行大规模的复制和扩张。

于是整个社会目之所及皆是被符号化了的消费个体，人的消费方式和消费观随着科学技术的发展、普及和消费品的极大丰富和过剩，遭到了前所未有的颠覆。在商品的使用价值不分高低的情况下，消费者竞相驱逐的焦点日益集中在商品的附加值即其符号价值，如名气、地位、品牌等，并为这种符号价值所制约。

在现代人理性的困境下，与其担心机器取代人类，不如将更加迫切的现实转移到人类的独创性上，当车道越来越宽、人行道越来越窄，我们日复一日的重复，人变得像机器一样不停不休。我们牺牲了浪漫与对生活的感知力，人类的能量在式微的同时，机器人却坚硬无比、力大无穷。

所以不是机器人最终取代了人类，而是当我们终于在现代工业文明的发展下牺牲掉独属的创造性时，我们放弃了自己。

二、专注力稀缺的时代

理学家对专注力的定义是："通过排除其他间接的相关信息，从而把精力集中在某种感官信息上的过程。"该过程类似于"聚精会神""全神贯注"。

人工智能时代的到来却让专注力成为这个时代的稀缺。

此起彼伏的铃声、社交网络信息的混杂、避无可避的新闻是大数据时代的常态，在当前互联网时代的背景下，各种知识资讯、手机应用程序、电子邮件、游戏、音乐、视频等在极大地丰富我们的生活、便利我们的工作，也在无形中消耗着我们有限的专注力。

正如美国经济学家赫伯特·西蒙所言："信息消费的是人们的专

注力。因此，信息越多，人们越不专注。"毫无疑问，我们生活在一个专注力缺乏的时代；信息越多、我们越是分心、越难深入思考和统筹考虑，我们的生活、工作越可能流于肤浅的表面甚至偏离正轨。

一项盖洛普民调发现，仅有 6% 的中国职场人士表示对工作"很投入"，而美国职员全情投入工作的人数比例也只有不到 30%，由此造成的经济代价达到数万亿美元。

美国加州大学欧文分校的教授研究发现，企业职员在日常工作中平均每 3 分 05 秒就会被打断一次，而要重新进入工作状态需要 25 分钟左右的时间。

专注力的普遍稀缺正是大数据时代给我们发出的警示信号，在"强人工智能"阶段到来前，我们必然要面对专注力稀缺这一问题，建立起社会的专注力。而每个人的意识带宽及内在专注力资源都是极其有限的。只有在纷繁复杂、变化万千的互联网信息时代做到心有定力、去芜存菁，把有限的专注力投入真正重要的信息、工作及环境中时，才更有可能洞察先机、适应未来。

三、比"强人工智能"更可怕的，是无爱的世界

电影《银翼杀手》的结尾，罗伊在雨中轻轻地说：我领略过万千瑰丽奇幻的色彩，完成了自己追求自由和认同的使命。

这一幕成了科幻作品和赛博朋克作品向浪漫主义过渡的重要因素。人工智能及高科技在设计作品所能展现的最大魅力开始从外形充满科技感的机械进行突破，着重于表现出更具有人文主义气质的视觉形象及对比冲突。

近年来这类作品如此流行，或许反映了机器时代的人们对科技发展的恐惧和人际关系越发冷淡的问题。但是人工智能不是导致人与人越发不信任且难以接近彼此的原因，更不是人对未知事物恐惧的最初源头。

伦理、法律和美学体系的构建速度没有跟上科技高速发展的步伐，于是在机器时代的关口，我们面对这个巨大的真空期产生了对机器时代未知的迷茫与踟蹰。

苹果公司总裁库克在麻省理工学院毕业典礼上说："我不担心人工智能像人类一样思考问题，我担心的是人类像计算机一样思考问题——摒弃同情心和价值观并且不计后果。"

或许对于未来而言，人工智能面临的最大挑战并不是技术，而是人类。

第八节　人工智能时代的人类认知

人工智能真正撼动人类的是对人类生存的全新挑战，使人产生对未来社会巨变的未知的恐惧。

人类作为一个种族，在数字时代之下面对的信息总量以几何级数进行累积，人类的精神存在及其演化方式已远远超过原先肉体所能承载的负荷，在这种情境之下，我们该如何延续自身的适应能力呢？

机器人技术的高度发达使人类从体力劳动中解脱，脑机接口研究的不断突破让我们看到了诞生机械人的可能，人类的大脑运作效率将大幅提高，甚至实现更高层次上的集体协作。届时，人类还是世界的主导吗？生存的真相是什么？

一、思想的质问

不论是"弱人工智能"还是"强人工智能"，科技的背后潜伏的还是"脑"这个灵魂的实体形象，而技术的狂想一定来自人和人性。

脑是人类最为独特的器官，人脑的本质是一个由神经元（Neuron）构成的网络，人工智能领域的"神经网络"正是模仿了人类的大脑构建。

按照数量级，科学界一般认为，人脑有 1000 亿个神经元。假如 1 个神经元是 1 秒钟的单位，人脑的神经元则是 3100 年。神经元组成了人脑的基本结构，每一个神经元向四面八方投射出大量神经纤维，负责处理大部分思维活动的大脑、协调运动的小脑并连接其中的脑干。

脑干则将大脑、小脑与脊髓连接起来，大脑与躯体间几乎所有的神经投射都要通过这里；此外，脑干本身还调控呼吸、体温和吞咽等最重要生命的活动，甚至大脑的意识活动也需要由它的"网状激活系统"来维持。

而大脑的结构更加复杂，我们所看到的其皱巴巴的表面，就是迅速扩张后折叠蜷曲的大脑皮层，不同部分的皮层有着不同的功能划分。而在皮层之下，还有丘脑、杏仁核、纹状体、苍白球等名称古怪的神经核团。现代科学认为，人的大脑皮层最为发达，是思维的器官，主导机体内一切活动过程，并调节机体与周围环境的平衡，所以大脑皮层是高级神经活动的物质基础。事实上，我们的大脑已经经过了数百万年的演化。在乍得沙赫人于 700 万年前行走非洲时，他们的颅腔内的大脑和其他动物的没什么本质区别。几百万年后，当奥杜瓦伊峡谷的能人笨拙地敲打出可能是最早的一批石器时，他们那比黑猩猩发达不了多少的大脑也并没展现出惊人的智力。

之后的进化之路上，人科物种一直在不断强化自己使用工具和制造工具的能力，大脑也在稳步发展，但似乎一直缺少点什么，因而被埋没于自然界宏伟的基因库之中。直到 20 万年前，现代智人的大脑出现了飞跃性的发展，直接生存意义不大的联络皮层尤其是额叶出现了剧烈的暴涨，随之带来的就是高昂的能耗（人脑只占人体体重的约 2%，但能耗却占了 20%）及痛苦的分娩。但付出这些代价换来的结果，使大脑第一次有了如此之多的神经元来对各种信息进行深度的抽象加工和整理储存。

陈述性记忆和语言出现了。人类具备了从具体客观事物中总结、提取抽象化一般性概念的能力，并能通过语言将其进行精确的描述、交流甚至学习。甚至，借助语言带来的思维方式转变，人类获得了"想象"的能力。

之后，建立在语言基础上的"想象共同体"出现了，人类的社会行为随之超越了灵长类本能的部落层面，一路向着更庞大、更复杂的趋势发展。随着文字的发明，最早的文明与城邦诞生在了西亚的两河流域。

而另一项独特的能力——工作记忆，则让人类具备了制订计划并将其分步执行的能力，这对于人类的发展有着不可估量的意义。在这些抽象认知能力之上，人脑还出现了一种极为罕见的能力——"自我认知"。

正如古巴比伦神庙石基上刻着的苏格拉底的那句隽永万世的名言"认识你自己"一样,自我认知对于一般性的决策任务来说并非必需品,甚至也并不一定和智力完全挂钩。但就是这种能力,让人类意识到了自己的"存在",并开始思考三个问题:我是谁?我从哪里来?我将要到哪里去?而这三个问题贯穿了人类数千年的哲学思考。

毫无疑问,无论科技或者人工智能如何发展,都逃不过人类思想界底层的核心逻辑质问,而这正是我们面对人工智能高速发展而产生焦虑的根源所在。

二、技术的物化

当然,时下的人工智能只是帮助我们更有效率的生活,并不会造成《西部世界》中机器人和人的对抗,也根本无法动摇整个工业信息社会的结构基础。

如果以物种的角度看,人类从敲打石器开始,就已经把"机器"纳为自身的一部分。作为一个整体的人类,早在原始部落时代就已经有了机械工具,从冷兵器到热兵器作战,事实上,人们对技术的追求从未停止。

只是,在现代科学的加持下的科技拥有了人类曾经想不到的惊人力量,而我们在接受并适应这些惊人力量的同时,自身究竟变成了什么?这些问题虽然从笛卡尔时代起就被很多思想家探讨过,但现代科技的快速更迭却用一种更有冲击力的方式将这些问题直接抛给了普罗大众。

我们都想认为，哪怕自己身不由己，至少内心依然享有某种形而上的无限自由。但现代神经科学却将这种幻想无情地打碎了，我们依然是受制于自身神经结构的凡人，思维也依然受到先天的限制，就好像黑猩猩根本无法理解高等数学一样，我们的思维同样是有限并且脆弱的。

但我们不同于猿猴的是，在自我意识和抽象思维能力的共同作用下，一种被称为"理性"的独特思维方式诞生了，所以才有了人类追问的更多问题，但深植于内心的动物本能作为早已跟不上社会发展的自然进化产物，却能对我们的思维产生最根本的影响，甚至在学会了控制本能之后，整个神经系统的基本结构也依然让我们无法全知全能。

纵观整个文明史，从泥板上的《汉谟拉比法典》到超级计算机中的人工智能，正是理性一直在尽一切努力去超越人体的束缚。因此，"生产力"和"生产关系"的冲突，也就是人最根本的异化，而最终极的异化并非指人类越来越离不开机器，而是这个由机器运作的世界越来越适合机器本身生存，而归根结底，这样一个机器的世界却又是由人类自己亲手创造的。

在某种意义上，当我们与机器的联系越来越紧密，我们把道路的记忆交给了导航，把知识的记忆交给了芯片，于是在看似不断前进的、更为便捷高效的生活方式背后，身为人类的独特性也在机械的辅助下实现了不可逆转的"退化"。我们能够借助科技所做的事情越多，也就意味着在失去科技之后所能做的事情越少。

尽管这种威胁看似远在天边，但真正可怕的正是对这一点的忽略。人工智能的出现诚然让我们得以完成诸多从前无法想象的工作，人类的生存状况也显然获得了改变，但当这种改变从外部转向内部，进而撼动人类在个体层面的存在方式时，留待我们思考的或许就不再是如何去改变这个世界，而是如何去接纳一个逐渐机械化的世界了。

人类个体的机械化，正是与通过创作人形机器人实现造人梦想全然相反的进程，然而两者的目标却是相同的：超越自然的束缚，规避死亡的宿命，实现人类的"下一次进化"。但机械化与信息化这两者本是一体两面的存在，我们所追求的属于"未来"的信息化，其根基本属于"过去"的机械化，前者只有依托于后者才可能存在。

不论是机械化还是信息化，二者都在某种意义上剥夺着人类足以定义自己的个性特征，都是对自然存在的背离；唯一的不同之处在于，人类在恐惧着植入机械将自己物化的同时，也在向往着通过融入信息流来实现自己的不朽，却在根本上忘记了物化与不朽本就是一枚硬币的两面，而生命本身的珍贵或许就在于它的速朽。在拒绝死亡的同时，我们也拒绝了生命的价值；在拥抱信息化改造、实现肉体进化的同时，人类的独特性也随着生物属性被剥离。

在人工智能应用越来越广的时下，我们还将面对与机器联系越发紧密的未来，而亟待进化的将是在崭新的语境下，人类关于自身对世间万物的认知。

第七章

进击的产业

第一节 人工智能产业链

人工智能产业链可划分为基础层、技术层、应用层。基础层主要包括芯片、传感器、计算平台等；技术层则由计算机视觉技术、语音识别、机器学习、自然语言处理等构成；在应用层中，人工智能应用场景较为广泛且多元化，包括金融、教育、医疗、交通、零售等领域的应用。

一、基础层：提供算力

基础层提供算力，主要包括芯片、传感器、计算平台等人工智能发展所需的基础硬件设备。芯片产品包括图形处理器（GPU）、专用集成电路（ASIC）、现场可编程阵列（FPGA）等，是人工智能最核心的硬件设备。传感器主要为计算机视觉采集设备和语音识别设备，是实现计算机认知和人机交互的传感设备。计算平台通常指人工智能底层基础技术及其相关设备，如云计算、大数据、通信设施的基础计算平台等。目前该层级的主要贡献者是英伟达、英特尔等。中国企业在基础层的实力相对薄弱。

芯片是人工智能得以应用的重要硬件设备，包括 GPU、FPGA、ASIC、类脑芯片等，人工智能需要根据应用场景的需求选择与之性能相匹配的芯片。

GPU（Graphics Processing Unit）为图形处理器，专门用于处理图形和图像计算，包括图形渲染和特效显示等。GPU 具有较好的并行计算能力，在同时处理多项任务方面具有相对优势，主要应用于深度学习训练、数据中心加速和部分智能终端等领域。

FPGA（Field Programmable Gate Array）为现场可编程门阵列，是一种半定制化电路，可通过编程自定义逻辑控制单元和存储器之间的布线。FPGA 具有较好的灵活性和简单指令重复计算能力，能够适应市场和行业的变化，在云端和终端都有较好的应用。FPGA 的结构适用于多指令单一数据流运行，由于其较强的数据处理能力，多应用于预测推理。

ASIC（Application Specific Integrated Circuit）为专用集成电路，是一种针对特定需求的定制化芯片，具有高性能、低功耗的特点。ASIC 可基于人工智能算法进行定制，从而使其能够适应不同的场景需求。

类脑芯片则是一种模拟人脑、神经元、突触等神经系统结构和信号传递方式的新型芯片。它具有高效感知、行为和思考的能力，但由于技术限制，类脑芯片尚处于研发阶段。

目前，参与芯片领域的技术厂商可大致分为四类，即以英特尔、英伟达等为代表的传统芯片厂商，以苹果、华为海思等为代表的通信科技公司，以谷歌、阿里巴巴、百度等为代表的互联网公司和以寒武纪、地平线、比特大陆等为代表的创业公司。

从功能上看，人工智能芯片主要应用于训练和推理这两个核心环节。

训练是指利用大量的数据来训练算法，使之具备特定的功能。推理则是利用训练好的模型，在新数据条件下通过计算推衍各种结论。训练和推理在大多数人工智能系统中是相对独立的过程，对芯片的要求也不尽相同。

训练所处理的数据量大、情况复杂，对芯片的计算性能和精度要求较高，目前主要集中于云端。此外，由于训练的过程可能涉及多种复杂场景，因而需要一定的通用功能来支持。相对而言，推理对计算性能精度和通用性要求不高，需在特定的场景下完成任务，一般在终端，因而更关注用户体验方面的优化。

从应用场景看，目前人工智能芯片的主要应用场景有：云端数据中心和边缘侧的自动驾驶、安防、智能手机等。其中，针对云端的训练和推理市场，仍以传统芯片厂商和互联网公司为主导，创业公司则主要聚焦于边缘侧芯片。随着越来越多的边缘侧场景对响应速度提出要求，云计算与边缘计算的结合成为一种趋势。整体来看，中国的芯片技术与国际先进水平相比还有较大的差距。但随着互联网巨头、通信技术厂商和创业公司的纷纷入局，可以预测，中国人工智能芯片整体的研发投入会有所增加，未来也将迎来更快的发展期。

传感器是机器进行信息接收的重要设备，人与机器的交互需要通过特定的设备来采集数据信息或接收人类指令，目前主要的传感器包括视觉传感器、声音传感器、测距传感器等。视觉传感器是计算机视觉技术实现的基础，通过获取图像信息或进行人脸识别，实现人工智能在医疗、安防等领域的应用，从而减轻人们的工作负担，提高工作效率。声音传感器主要应用于自然语言识别领域，特别是语音识别，通过传感器收集声音信息，完成语音指令下达、终端控制等功能。测距传感器是通过对光信号或声波信号的发出和接收时间进行测算，从而检测物体的距离或运动状态，通常用于交通领域和工业生产领域等。

计算平台是将数据和算法进行整合的集成平台，开发者将可能需要的数据和相应的算法、软件集成到平台内，通过平台对数据进行相应处理以达到应用的目的。它是计算机系统硬件与软件设计和开发的基础，也是分发算力的便捷途径。计算平台包括云计算平台、大数据平台、通信平台等多种基础设施，其中云计算平台可提供基础设施即服务（IaaS）、平台即服务（PaaS）和软件即服务（SaaS）三大类云服务。大数据平台则能完成对海量结构化、非结构化、半机构化数据的采集、存储、计算、统计、分析、处理。通信平台面向手机、平板电脑、笔记本电脑等移动设备，为其解决通信需求。

当前，中国正在加速从数据大国向数据强国迈进。国际数据公司IDC 和数据存储公司希捷的报告显示，随着中国物联网等新技术的持续推进，中国产生的数据量将从 2018 年的约 7.6ZB 增至 2025 年的48.6ZB（1ZB 约为 1 万亿 GB），数据交易迎来战略机遇期。与此同时，美国 2018 年的数据量约 6.9ZB，到 2025 年预计达到 30.6ZB。据贵阳大数据交易所统计，中国大数据产业市场在未来五年内仍将保持着高速增长。

同时，云计算新兴产业正在快速推进。多个城市开展了试点和示范项目，涉及电网、交通、物流、智能家居、节能环保、工业自动控制、医疗卫生、精细农牧业、金融服务业、公共安全等，试点已经取得初步的成果，将产生巨大的应用市场。

二、技术层：连接具体应用场景

技术层是连接人工智能与具体应用场景的桥梁，通过将基础的人工智能理论和技术进行升级和细化，以实现人机交互的目的，解决具体类别问题。

这一层级主要依托运算平台和数据资源进行海量识别训练和机器学习建模，开发面向不同领域的应用技术，主要包括计算机视觉、语音识别、智适应学习技术等。人工智能技术层分为感知层和认知层两部分，感知层的技术包括计算机视觉技术、语言识别、自然语言识别等，认知层的技术包括机器学习、算法等。

计算机视觉技术根据识别对象的不同，可划分为生物识别和图像识别。生物识别通常指利用传感设备对人体的生理特征（指纹、虹膜、脉搏等）和行为特征（声音、笔迹等）进行识别和验证，主要应用于安防领域和医疗领域。图像识别是指机器对于图像进行检测和识别的技术，它的应用更为广泛，在新零售领域被应用于无人货架、智能零售柜等的商品识别，在交通领域可以用于车牌识别和部分违章识别等，在农业领域可用于种子识别乃至环境污染检测，在公安刑侦领域通常用于反伪装和采集证据，在教育领域可以实现文本识别并转为语音，在游戏领域可以实现增强现实的效果。

语音识别技术是将语音转化为字符或命令等机器能够理解的信

号，它能够实现人类和机器之间的语音交流，让机器"听懂"人类语言。语音识别技术主要包括自动语音识别（ASR）、自然语言理解（NLU）、自然语言生成（NLG）与文字转语音（TTS）。语音识别技术的商业化应用主要体现在语音转文字和语音指令识别两个方面：在商务司法领域，可以用于智能会议同传、记录和转写，节省大量人工；在智能家居领域，可以为声控电视、声控机器人提供底层技术支持，提高人机交互的便捷度；在金融科技领域，可以代替部分笔头工作，减少客户填写各种凭证的时间；在自动驾驶领域，可以构建高效的车载语音系统，进一步解放驾驶人的双手。

机器学习是指研究如何实现机器模拟人类学习行为来获取信息和技能，从而调整己有知识结构并优化自身性能的技术。其本质是让机器从历史材料中学习经验，对不确定的数据进行建模，达到预测未来的目的。机器学习常用的算法包括分类算法、回归算法、聚类算法等，新兴的机器学习技术包括深度学习、对抗学习、迁移学习、元学习等。使用者通过编辑算法来下达分类指令，利用机器学习能力实现应用的目的。在金融领域，可以通过机器学习不断提高风险控制能力；在营销领域，机器学习可以帮助企业搭建模型进行销量预测，降低决策的盲目性。

人工智能技术层在近年发展迅速，谷歌、IBM、亚马逊、苹果、阿里巴巴、百度都在该层级深度布局，主要聚焦于计算机视觉、语音识别和语言技术处理领域。国内除了BAT，还出现了如商汤科技、旷视科技、科大讯飞等诸多独角兽公司。

三、应用层：解决实际问题

应用层解决实际问题，应用人工智能技术针对行业提供产品、服务和解决方案，其核心是商业化。应用层的企业将人工智能技术集成到自己的产品和服务中，从特定行业或场景切入（金融、教育、医疗、交通、零售等）。

1. 金融

人工智能金融凭借对海量数据的高速处理能力，为金融业在复杂动态网络、人机协作、数据安全和隐私保护等方面提供了革命性的解决方案。

在金融支付领域，基于人工智能的视觉技术和生物识别技术，可快速准确地进行身份认证，提高支付效率和安全性；在金融风控领域，利用机器学习分析海量的交易数据可以及时发现异常交易行为，有利于风险防范；在保险理赔环节，通过综合运用声纹识别、图像识别、机器学习等核心技术，能够实现快速、准确定损，避免拖延与纠纷，大幅提高赔付效率；在投资领域，智能投顾可以根据客户的收益目标及风险承受能力，智能建议投资组合，帮助投资者寻找合适的金融产品。

人工智能金融的代表性企业蚂蚁金服建立了蚂蚁图智能平台和蚂蚁共享智能平台，基于图智能技术，提升企业的风险刻画能力。蚂蚁金服还能对数据进行结构化处理，形成企业知识图谱，帮助企业了解重大风险、进行风险级别预测。

2. 教育

人工智能在教育领域的应用和发展主要有三个方向，分别是针对教学活动、教学内容和教学环境管理提供的人工智能辅助教学工具、人工智能学科教育和教育物联网解决方案等。

人工智能辅助教学工具利用人工智能技术开发出各类用于教学活动的工具，来提升教学效率和效果。目前，人工智能辅助教学的工具主要用于 K12 的基础教育，包括自适应的人工智能教学、个性化练习，以及拍照搜题、组卷阅卷、作业批改等。

人工智能学科教育，即将人工智能学科知识作为学习内容，面向 K12、高等教育、职业培训的学生群体设计课程内容，提供教材、教具、教师等教学相关的产品和服务。

教育物联网解决方案则利用人工智能、物联网等技术对学校、教室等教育场所的人、物和环境进行统一管理，包括多媒体设备管理、学生在各类场景下的签到注册管理、行为状态识别、校园安防和校园生活服务等。

人工智能教育领域的代表公司有好未来、英语流利说等。好未来布局人工智能开放平台，将计算机视觉、自然语言处理等技术应用于教育产品，起到辅助教学、在线智能互动的作用。英语流利说推出达尔文英语，提供基于人工智能深度学习的移动自适应英语系统课程，由人工智能老师全程评估学习情况，通过人机对话互动的方式进行听、说、读、写的全方位训练。

3. 医疗

人工智能医疗的主要应用场景有影像诊断、互联网问诊和日常疾病预防等，尤其是在疾病早期筛查和增强诊断准确性上优势明显。

人工智能在图像识别与语音识别领域相对成熟，目前中国的人工智能医疗初创企业大多围绕辅助诊断进行创新，多以影像学智能辅助诊断系统、语音识别产品为主。在临床研究中，人工智能医疗可以辅助实验设计、监督进度、高效处理数据、防范风险。平安好医生通过"人工智能+医疗"，提供家庭医生、消费型医疗、健康商城和健康管理及互动服务，覆盖上亿名用户，为在线医疗行业覆盖用户数最多的移动应用。

在抢占市场份额的同时，互联网企业及传统医疗相关企业纷纷通过自主研发或投资并购等方式入局。2018 年，阿里健康启动面向医疗行业的第三方人工智能开放平台计划，12 家医疗人工智能公司成为首批入驻平台的合作伙伴，业务包括临床、科研、培训教学、医院管理、未来城市医疗大脑等领域。此外，百度、腾讯等企业也积极布局人工智能医疗，推出相关产品服务大众。

4. 交通

人工智能在交通出行领域的应用主要包括智能驾驶、疲劳驾驶预警、车载智能互娱、智慧交通调度等。

智能驾驶是通过系统完全控制或辅助驾驶人控制车辆行驶的技术。其中，高级别辅助驾驶系统（Advanced Driver Assistance System，ADAS）是实现智能辅助驾驶的核心。ADAS 是利用安装于车上的各类传感器，采集车内外的环境数据并进行识别、侦测与追踪，从而能够让驾驶人在最短的时间内察觉可能发生的危险，以引起注意和提高安全性的主动安全技术。

疲劳驾驶预警（Driver Monitor System，DMS）是一种基于驾驶

人生理反应特征的疲劳监测预警产品。它利用智能摄像头采集驾驶人的视频数据，结合人脸识别算法，准确识别危险驾驶状态，如疲劳驾驶、分心驾驶等，并及时给予提醒，以保证驾驶安全。2018 年，多地交通运输部陆续发布通知，推广应用智能视频监控报警技术，该政策直接推动了 DMS 在运输车辆上的应用。

车载智能互娱是指安装在车辆上的智能系统，可通过语音交互实现部分功能控制和娱乐操作，如语音开启空调、雨刮器、天窗，语音查询路线、周边信息、购物等。

智慧交通调度即通过监控获取城市各交通线路的实际车流和拥堵情况，并利用算法整合全局信息，通过控制交通信号灯和人工疏导等方式，缓解城市交通拥堵。

5. 零售

智慧零售是利用人工智能、大数据等新科技为线上/线下的零售场景提供技术手段，来实现包括门店、仓储、物流等整个零售体系的数字化管理和运营。其中，在仓储物流环节，主要运用搬运、配送等各类实体机器人。在交易环节，根据零售交易发生场所可大致分为线上零售和线下零售两类，人工智能在营销、客服、运营优化等多个场景发挥价值。

线上零售主要是各类电商，其智能化场景主要有商品搜索、智能客服、个性化推荐与精准营销、经营数据分析。商品搜索，利用计算机视觉技术实现对线上的图片、视频等各类商品展示信息的搜索和管理，包括以图搜图、以文搜图等；智能客服，包括在线客服、语音电话客服等，涉及语音识别、语义理解等自然语言处理技术；个性化推荐与精准营销，即充分利用用户在互联网上的活动路径和留存信息，结合机器学习算法，为用户提供个性化的产品建议；经营数据分析，将商户的各类经营数据加以整合，通过大数据的分析方法，发掘潜在行业信息，进而为企业的经营决策提供支持。

线下则包括各种小型零售门店、大型连锁商超、无人门店和智能货柜等。

当前，人工智能在线下零售门店的应用主要是解决线下实体零售门店的数字化运营问题。其中，以计算机视觉技术为核心的智能摄像头、智能广告机、智能货柜、互动娱乐设备等广泛使用。

线下智慧门店的解决方案主要涉及精准获客和营销、门店数据化管理等方面。精准获客和营销通过智能摄像头等设备识别到店客户的行为轨迹、浏览偏好、衣着、身份特点等信息，并综合线上或过往购买记录，发掘客户兴趣点，提供个性化的产品推荐和服务信息。线下智慧门店普遍采用智能设备，采集门店的实时客流状况、商品信息、顾客需求、经营状况等数据；通过大数据整合和分析，为门店运营优化提供决策支持，包括门店选址、物品摆放、商品种类、补货频率等。门店数据化管理，使运营决策更加科学，从而在有限的空间和人力成本下，为消费者提供便捷、高效、个性化的购买体验。

比如，阿里云以数据为基础，为零售领域提供消费者资产运营分析解决方案，通过智能化的数据分析，将渠道管理、会员管理、营销管理进行整合，并与阿里巴巴各系统业务互通，解决数据营销的闭环问题。码隆科技开发的 RetailAI 提供了资产保护、智能货柜、智能称重等服务，能够在自助结算环节为零售商降低货损、实现"即拿即走、自动结算"的智能购物流程。

第二节　人工智能产业转型产业人工智能

人工智能已以迅猛的姿态铺陈在社会生活的各个方面。与此同时，人工智能作为信息化领域的通用基础技术被纳入新基建，并全面上升为国家战略。

在这样的背景下，全球市场对人工智能的热情持续高涨。不论是互联网企业，还是传统制造业企业，纷纷"加码"人工智能。"商业落地"成为当前人工智能发展的鲜明主题词。但事实上，迄今为止，人工智能还处于从实验室走向大规模商业化的早期阶段。尽管越来越多的人工智能技术从实验室中走出来，进入各个行业中，但从人工智能产业向产业人工智能的转型和落地却并非一帆风顺。

一、人工智能降温的背后

从全球市场来看，人工智能的火热离不开资本的助力。然而，人工智能的投资却呈现降温态势。

据中国信息通信研究院于 2019 年 4 月发布的《全球人工智能产业数据报告》显示：在融资规模方面，2018 年第二季度以来，全球相关领域投资热度逐渐下降。2019 年第一季度，全球融资规模为 126 亿美元，环比下降 3.08%，其中，中国相关领域融资金额为 30 亿美元，同比下降 55.8%，在全球融资总额中占比为 23.5%，同比下降了 29 个百分点。

此外，人工智能企业盈利仍然困难。以知名企业 DeepMind 为例，其 2018 年财报显示营业额为 1.028 亿英镑，2017 年为 5442.3 万英镑，同比增长 88.9%，但 DeepMind 在 2018 年净亏损 4.7 亿英镑，较 2017 年的 3.02 亿英镑增加了 1.68 亿英镑，亏损同比扩大 55.6%。

2018 年，近 90% 的人工智能企业处于亏损状态，而 10% 赚钱的企业基本是技术提供商。换言之，人工智能企业仍然未能形成商业化、场景化、整体化落地的能力，更多的只是销售自己的算法。

究其原因，一方面，市场对人工智能寄予了过高的期望，而实际的产品体验往往欠佳，人们对人工智能能力、易用性、可靠性、体验等方面的要求都给当前的人工智能技术带来了更多的挑战。

首先是部分人工智能企业及媒体传播的夸大，导致了人工智能仍然青涩的能力在某些领域存在被夸大的情况。其次是当前的人工智能高度依赖数据，但数据积累、共享和应用的生态仍然比较初级，这直接阻碍着人工智能部分应用的实现。最后，人工智能作为一种新的技术，其市场应用无疑需要长期与实体世界和商业社会进行磨合，避免意外的发生。

人工智能掀起的技术革命成为不争的事实，但对于人工智能的发展仍然需要合理的期待，否则将面临造成巨大泡沫的可能。

另一方面，商业化需要企业利用人工智能技术来解决实际的问题，并通过市场进行规模化变现，关系到人工智能的技术能力、易用性、可用性、成本、可复制性及所产生的客户价值。而至今，商业化、产业化的速度、范围和渗透率仍然存在一定的"实验室和商业社会的鸿沟"。

这意味着，人工智能仍需要从早期普遍强调技术优势，过渡到更加注重产品化、更加融合生态、更加解决实际问题的商业化发展阶段。

此外，更多的人工智能企业还需要找到合适的应用场景以便人工智能从实验室走向产业化、商业化。比如，医疗作为民生领域受到了资本持续的关注。事实上，科技企业智能医疗的布局与应用已有雏形，IBM Watson 已应用于临床诊断和治疗，在 2016 年就进入中国多家医院进行推广；阿里健康重点打造医学影像智能诊断平台；腾讯在 2017 年 8 月推出腾讯觅影，可辅助医生针对食管癌进行筛查。

然而，由于人工智能需要大量的共享数据，而医院和患者的数据却存在"孤岛"障碍，打破各方壁垒的同时，保障数据的安全性又成为现实困境，而阻碍着人工智能在医疗领域的真正爆发。

二、直面转型困境

客观认识人工智能产业的发展现状，是为了更好地发挥人工智能技术的赋能作用。数字经济盛行下，人工智能技术已经成为越来越多的企业的创新动力和源泉，而人工智能在企业中的应用也达成了初步共识。但是，具体应用在何处，怎样来实施人工智能的应用，才是当前要回应的人工智能发展问题的关键。

人工智能并不仅仅是短期热点，更具有长远价值，是技术趋势，亦是基础设施。在人工智能的加持下，企业有望带来效率的提升，但无法形成企业独特的竞争力。换言之，人工智能市场发展存在的难题在于内部资源与外部环境的匹配。

可以说，人工智能技术的应用是数字经济商业模式发展的必然结果。回顾人工智能的发展历程，近年来，数据智能驱动的数字经济商业模式的崛起，使搜索推荐、人脸识别和语音识别等人工智能算法能够满足业务量快速增长的目标。

如果一个企业的业务形态是靠数据和算法提供对外服务的，这意味着其也一定需要应用人工智能技术，然后发展出具有独特竞争优势的人工智能应用，从而带来更好的用户体验和商业上的成功。

此外，人工智能产业想要进一步发展，离不开人工智能技术的进步。作为国家未来的发展方向，人工智能技术对经济发展、产业转型和科技进步起着至关重要的作用。而人工智能技术的研发、落地与推广离不开各领域顶级人才的通力协作。在推动人工智能产业从兴起进入快速发展的历程中，人工智能顶级人才的领军作用尤为重要，他们是推动人工智能发展的关键因素。

然而，中国人工智能领域人才极为稀缺。一方面，中国人工智能产业的主要从业人员集中在应用层，基础层和技术层人才储备薄弱，尤其在处理器/芯片和人工智能技术平台上，严重削弱了产业的国际竞争力。

另一方面，人工智能人才供求严重失衡，人才缺口很难在短期内得到有效填补。过去几年中，中国期望在人工智能领域工作的求职者以每年翻倍的速度迅猛增长，特别是偏基础层面的人工智能职位，如算法工程师，供应增幅达到150%以上。尽管增长如此高速，仍然很难满足市场需求。但是，由于合格的人工智能人才培养所需的时间和成本远高于一般的 IT 人才，人才缺口很难在短期内得到有效填补。

人工智能市场发展存在的困境不可忽视，从某个角度来说，更是困于资本、困于服务。近年来，资本帮助人工智能市场加速行业发展，放大了人工智能场景效应，让行业的智能化发展从人工智能中获得了益处，资本的力量使技术变现成为现身说法，加剧了人工智能市场中各领域分工布局的泾渭分明。

如今，随着隐私与数据安全的立法并得到广大民众重视，人工智能开始回归本质，成为一种先进的生产力。生产力服务的生产关系也从炙手可热逐步趋于理性，直至逐渐降温。

在这个过程中，互联网企业扮演了重要角色。互联网企业是数字经济的创新者、实践者，通过互联网及移动互联网，互联网企业在生产经营活动中创造并积累了大量数据。

这些数据来自用户的真实需求、反馈及行为。在安全合规的基础上，互联网企业不仅充分利用了数据的价值，更让整个商业社会都开始重视数据的价值，激活了各个产业的数据意识，推动数字经济的渗透与发展，从而在一定程度上完成第三次人工智能的大数据资源的积累。

但随着整个社会的数字化转型，如何将人工智能的赋能效应向社会的各个方向延伸则是不可回避的现实问题。

显然，当人工智能回归技术本质，不仅要在市场角度对其有合理的期待，弥合人才供需的失衡，还要在产业方向真正创造一个从数据积累、技术溢出、算法创新到不同产业搭建连接人工智能的网络，从而满足更多高频、刚需、可复制性强的需求场景，让人工智能普惠的回报机制有更多的收入确认机制，让第三次人工智能浪潮真正落地。

第三节　全球商业巨头的入局与布局

计算机视觉技术、自然语言处理技术、跨媒体分析推理技术、智适应学习技术等八大技术是目前人工智能领域的关键技术，安防、金融、零售、交通、教育等产业中蕴含着人工智能的典型应用场景，人工智能开放创新平台对于全行业具有重要的推动价值。

一、微软：人工智能从对话开始

"对话即平台"是微软在 2016 年开发者大会上提出的重要战略，微软认为以对话为基础的人机交互形式，将取代键盘鼠标和显示器，成为未来的人与信息世界的重要接口。

对话型人工智能主要有两大诉求：一是完成任务或提升效率，二是情感交流。微软的对话型人工智能正是按照这两个方向进行布局的，任务端有智能助手小娜，情感端有语音助手小冰。如今，小娜已经深度融合 Windows 10，成为跨平台、高效率的个人智能助理。而小冰自 2014 年 5 月推出之后，目前已经进化至第四代，从微博上的机器人"舆论领袖"到解锁图像识别系统，从进入日本、美国、印度到成为东方卫视的机器人"主播"，在 2016 年小冰就已经拥有超过 4200 万的中国用户。

微软的认知计算服务也独具特色。在微软的智慧云上，认知计算能力已经成为一个通用的基础技术模块，开发者只需要采用程序接口调用，就能简单快速地给应用程序加入智能。目前这套认知服务包括视觉、语言、语音、搜索和知识五大类共 35 项 API，并且还在持续更新。除了软件和服务可以在智慧云上调用，微软还计划在云的基础上把硬件虚拟化，用户可以直接通过云获取计算能力，在一定程度上减轻硬件压力。

2016 年 9 月，微软把"技术与研发部门"和"人工智能（AI）研究部门"合并，组建了新的"微软人工智能与研究事业部"，作为微软战略级核心部门之一，除了促进人工智能与微软自身产品——搜索、Windows、Office、小冰与小娜等做深度结合，还肩负着智慧云推进人工智能普及化，以及打造人工智能通用平台和系统的任务。

此外，微软人工智能赋能各行各业，以实现智能提升和数字化转型。进入互联网时代以来，传统制造业面临着前所未有的挑战和机遇。Microsoft Dynamics 365 是微软新一代云端智能商业应用，通过对 CRM & ERP 的完美整合，助力企业成长及数字化转型。

零售业的发展是空前的，从传统广义的实体门店到云商店、云供应链等新零售的转变，从本质上改变了零售业的意识形态。微软智能零售解决方案帮助企业从云平台搭建、云供应链到客户服务系统进行完善，实现线上整合线下的新零售形态。

教育方面，微软小英是微软亚洲研究院开发的免费英语学习工具，将英语学习与人工智能相结合，囊括口语、听力、单词、中英翻译等多个项目。此后，微软小英还推出了两个新产品——微软爱写作和微软小螺号。微软爱写作是一款帮助中国学习者提高英语书面表达能力、提供写作练习的工具平台。微软小螺号是一项儿童英语启蒙解决方案，旨在利用人工智能技术赋能每个家庭成员，助力中国孩子在家庭场景中开启英语启蒙。

二、谷歌：当之无愧的人工智能巨头

谷歌比全球任何一家公司都拥有更多的计算能力、数据和人才来追求人工智能，也理所当然成为全球人工智能巨头。

谷歌运营的产品比世界上任何一家科技公司的都多，拥有超过 10 亿名用户：Android、Chrome、Drive、Gmail、谷歌应用商店、地图、照片、搜索和 YouTube。只要有互联网连接，就有用户依赖谷歌的产品和功能。

谷歌的人工智能发展离不开几个研究型的人工智能部门，包括谷歌大脑和 2014 年收购而来的 DeepMind。从技术的角度来看，在机器学习（ML）算法领域，2020 年，谷歌的无监督学习领域取得了一定的发展。比如，谷歌开发了名为 SimCLR 的自监督和半监督学习技术，可以实现同时最大化同一图像的不同变换视图之间的一致性和最小化不同图像的变换视图之间的一致性。

在 AutoML 上，谷歌开始尝试从 AutoML-Zero 的学习代码运算中采取一种由原始运算（加减法、变量赋值和矩阵乘法）组成的搜索空间，以期从头开始演绎现代的机器学习算法。而在机器感知领域，也就是机器如何感知、理解我们周围世界的多模态信息上，谷歌也取得了众多成果，包括 CvxNet、3D 形状的深层隐式函数、神经体素渲染和 CoreNet 等算法模型的推出，在户外场景分割、三维人体形状建模、图像视频压缩等场景的实际应用。

通过机器学习算法的改进，谷歌在移动设备上的体验得到大幅改善。在设备上运行复杂的 NLP 技术，实现更加自然的对话功能。比如，基于 Transformer 这一神经网络模型，谷歌于 2020 年创建了一个对话机器人 Meena，几乎可以实现任何的自然对话。此外，谷歌实现了在全球范围内对商业信息进行 300 万次更新，在地图和搜索上信息显示次数超过 200 亿次。

通过机器翻译和语音识别技术的升级，谷歌还使用了从文本到语音的技术，通过支持 42 种语言的 Google Assistant 朗读网页，从而更方便地访问网页。借助多语言传输、多任务学习等技术，谷歌在 100 多种语言的翻译质量上的评价提高了 5 个 BLEU 值，能够更好地利用单语数据来改进低资源语言，为那些少数族裔的人们提供翻译。

谷歌人工智能的影响力远远超出了该公司的产品范围。外部开发人员可使用谷歌人工智能工具做各种事情：从训练智能卫星到监测地球表面的变化，再到根除推特上的语言攻击。现在有数百万台设备在使用谷歌的人工智能，而这仅仅是个开始。这种新型计算机将能够以比普通计算机快一百万倍的速度进行复杂运算，将进一步把人类带进入计算的火箭时代。

2020 年，谷歌对新的量子算法进行了验证，在 Sycamore 处理器上执行了精准校准，显示量子机器学习的优势或测试量子增强优化；通过 QSIM 模拟工具，在 Google Cloud 上开发和测试了多达 40 个量子比特的量子算法。接下来，谷歌将按照技术路线图，建立通用的纠错量子计算机，证明量子纠错可以在实践中发挥实际作用。

三、百度：走向人工智能产业化

百度的人工智能布局从搭建平台开始，创造出开放的生态，并形成计算能力、场景应用和算法的正循环。

百度人工智能在场景落地应用最广的是 Apollo 平台，覆盖智能信控、智能公交、自动驾驶、智能停车、智能货运、智能车联等领域。Apollo 作为全球首个自动驾驶开源平台和生态，已先后开放了七个版本的能力，汇聚了 177 家生态合作伙伴，全球 97 个国家超过 3.6 万名开发者正在使用 Apollo 开源代码。

截至 2020 年 3 月，在智能交通的赛道，Apollo 陆续在长沙、保定、沧州、雄安、重庆、合肥、阳泉等城市开展合作，签订了车路协同规划建设项目，助力当地完成智能交通、智能城市建设，引领中国智能交通建设。

据中科院的《2019 年人工智能发展白皮书》显示，作为国家新一代人工智能开放创新平台，百度近年来已构建起完整的产业生态，成为中国目前唯一具备自动驾驶及车路协同全栈研发能力的企业。Apollo 的限定场景自动驾驶、开放场景自动驾驶，以及车路协同智能交通等解决方案，依托自然语言处理、计算机视觉、机器学习等人工智能技术，将有效改善交通出行的痛点。

在输入法领域，在人工智能技术的赋能下，百度输入法实现了市场份额与活跃用户量跃居行业第一。百度输入法的语音输入能力持续突破，成为业内首个日均语音请求量破 10 亿次大关的输入法产品，实现了 98.6% 的语音识别准确率、离线中英自由说新功能、方言自由说升级等功能或技术突破，目前已成为语音输入渗透率最高的第三方手机输入法；语音输入与手写输入等人工智能功能取得重大行业突破，用户认可程度高，手写识别准确率提升至 96%，居行业首位，人工智能滑行输入精准率超越行业最高水平。

对于百度产品"小度"来说，2020 年是依靠领先智能化技术持续"破圈"的一年。截至 2020 年 9 月，小度助手技能商店提供了 4300 个技能，开发者数量也已达到 45000 人，使用场景也从家庭、酒店、汽车拓展到移动场景。硬件方面，国际权威调研机构 Canalys 数据显示，2020 年上半年小度智能音箱全品类出货量位居中国第一；前三季度，小度智能屏出货量稳居全球第一；"618"和"双十一"期间，小度均斩获全平台智能音箱品类销售额冠军、全平台智能屏品类销量&销售额双冠王。

在智慧城市领域，百度智慧城市解决方案以自主创新的基础设施为底座，包括城市的感知中台、人工智能中台、数据中台、知识中台及城市智能交互中台，帮助城市提升智能化的水平，赋能公共安全、应急管理、智能交通、城市管理、智慧教育等场景。目前这一解决方案已在北京海淀、重庆、成都、苏州、宁波、丽江等落地应用。

在数字金融领域，百度智能云已经服务了近 200 家金融客户，其中包括国有 6 大银行、9 大股份制银行、21 家保险机构，涉及营销、风控等十几个金融场景；构建了超过 30 家的合作伙伴生态，跻身中国金融云解决方案领域第一阵营。

在工业互联网领域，百度工业互联网助力企业及上下游产业实现数字化、网络化、智能化。百度智能云提供的智能制造解决方案，覆盖 14 个行业、100 多家企业、30 多个合作伙伴，触达 50 多类垂直场景，在 3C、汽车、钢铁、能源等行业已规模落地。

在智能办公领域，2020 年 5 月，百度宣布依托"AI 中台"和"知识中台"，发布"智能办公"的企业智能应用"如流"，构建人工智能时代办公流水线，打造新一代人工智能办公平台。如流已经全面升级为新一代智能工作平台，用人工智能赋能企业实现智能化转型，实现对企业工作模式的全方位、智能化的支撑，以及从个人到组织、从业务到运营的全场景服务。

四、商汤科技：构建"城市视觉中枢"

商汤科技的人工智能技术应用覆盖面较广，不局限于传统的安防领域，而是聚焦整个智慧城市板块，如城市管理、智慧政务、交通、机场、校园、社区等。商汤科技的智能视觉人工智能开放创新平台被国家确定为新一代人工智能开放创新平台。

商汤科技的人工智能技术主张为城市构建"城市视觉中枢"。通过打通从数据采集标注、模型训练部署、业务系统上线的整个链路，构建多样化场景需求与模型高效生产的闭环。同时，赋予客户本地模型生产能力，自主满足长尾需求开发。最终，让人工智能算法的场景化、规模化及自动化生产成为可能。

以"城市视觉中枢"为基础，商汤科技推出了"AI City 端边云一体化方案"，整合端边云智能全技术栈创新，提供商汤科技智慧城市人工智能生态系统的中枢能力，支撑智慧城市全场景的业务创新，应用于城市街区、公园、校园、社区、写字楼、银行、机场、地铁等影响人们生活的场景。

此外，商汤科技还建立了开放生态，与合作伙伴共建城市智能应用生态。通过连接上下游合作伙伴，渗透城市场景，为城市管理者、参与者提供更加完善、灵活、适配的整体解决方案，开发各类应用与服务，打通城市公共服务、城市产业服务、城市惠民服务三大智能应用体系，覆盖更多的城市场景。

目前，商汤科技所参与的智慧城市级项目已经覆盖了全国 30 多个省市自治区。

在单个系统视频接入量方面，商汤科技有几款系统在全国排名前茅，这对算法精度、算法多样性及系统的并发和高可用都是巨大的考验。"城市视觉中枢"在北上广深一线城市都有项目落地，实现了单个系统接入量超过 10 万路的规模。

目前，商汤科技配备了专业的服务团队，在中国建立了 6 大服务中心，逐步强化服务能力；同时，建立创新实验和测评认证等团队，对数据、产品、技术进行持续迭代，将核心能力和智能应用不断优化、不断外延，真正推动城市的可持续发展。

五、科大讯飞：人工智能布局安防

在人工智能领域，科大讯飞已经有多年的研究根基，在人工智能核心技术层面实现了多项源头技术创新，多次在机器翻译、自然语言理解、图像识别、图文识别、知识图谱、机器推理等各项国际评测中取得佳绩。科大讯飞积极将其人工智能核心技术与安防行业结合，在市场上发挥了较大的势能。

首先，从智能语音技术的应用来看，科大讯飞的智能语音技术在语音指挥调度、语音信息发布、警情语音分析等方面落地应用，打造了扁平化指挥调度模式，一方面实现了语音调取设备、警力资源、语音派警、语音反馈的警情流程；另一方面实现了一键指挥、统一调度，第一时间下发警情及调度指令、实时跟踪、及时闭环，不仅有效提高了指挥调度效率、警情处置效率、勤务管理效能，并且进行了有效的执法监督。

其次，科大讯飞拥有核心能力平台，包括大数据平台、云计算平台、人工智能平台等，为雪亮工程、智能交通等工程的智能解析中心提供有效支撑，使资源利用更节约、计算速度更高效、解析能力更丰富。科大讯飞的图像识别、视频结构化等算法可将前端数据进行有效分析，并将特征值进行关联、碰撞等，可实现事件检测、车辆比对等应用，并为布控提供有效的数据依据。

再次，科大讯飞拥有成熟的软件、硬件系统，如交通超脑、鸣笛抓拍等，已在多个场景中使用。交通超脑是运用人工智能和大数据等技术，提升交警在交通管理、城市治理、公众服务方面综合实战水平的智慧化应用平台，目前已在合肥市、铜陵市、太和县等地区开展应用，成效显著。鸣笛抓拍则利用基于深度神经网络的干扰声消除技术、高精准度同步多声源定位技术等核心技术，能够适应嘈杂工况、保持精准定位，主要应用于学校、政府等禁止鸣笛的位置。

最后，科大讯飞还拥有多维度安全防范技术中台，可为前端的集成商提供人工智能中台服务，如安全帽是否佩戴识别、违禁闯入识别、火灾识别、烟雾识别、应急值班值守、应急知识库等，并且可以在多个场景中实现应用。

比如，在应急事件的处置过程中实现案情信息报文的智能填报。在指挥人员使用业务值守接报系统进行上下级联络的业务场景下，系统可自动将通话双方的语音实时转成文字，并通过自然语言理解、关键要素抓取等技术，实现对专报、快报、续报等案情信息报文的智能化填报。

科大讯飞积极布局安防，参与了诸多安防项目的建设，如淮北雪亮工程项目、临泉视频平台项目等。

第八章

竟合与治理

第一节 人工智能全球布局

人工智能引领第四次工业革命成为既定的事实，全球人工智能产业进入加速发展阶段。美国、中国、英国、德国、日本、法国及欧盟等国家及经济体纷纷从战略上布局人工智能，加强顶层设计，成立专门机构统筹推进人工智能战略，实施重大科技研发项目，鼓励成立相关基金，引导私营企业资金资源投入人工智能领域。

从全球人工智能国家战略规划发布态势来看，北美、东亚、西欧地区成为人工智能发展最为活跃的地区。美国等发达国家具备人工智能基础理论、技术积累、人才储备、产业基础方面的先发优势，率先布局。美国、英国、日本及欧盟等国家及经济体早已加大在机器人、脑科学等前沿领域的投入，相继发布国家机器人计划、人脑计划、自动驾驶等自主系统研发计划等。为确保其领先地位，美国于 2016 年发布国家人工智能研发战略计划。日本、加拿大、阿联酋等紧跟其后，于 2017 年将人工智能上升至国家战略。欧盟、法国、英国、德国、韩国、越南等于 2018 年相继发布了人工智能战略。丹麦、西班牙等于 2019 年发布人工智能战略。

可见，各国正以战略引领人工智能创新发展，从自发、分散的自由探索为主的科研模式，逐步发展成国家战略推动和牵引、以产业化及应用为主题的创新模式。

一、美国：确保全球人工智能领先地位

美国是人工智能大国。1956 年，人工智能在美国诞生。卡内基梅隆大学、麻省理工学院、IBM 公司成立了美国最初的 3 个核心的人工智能研究机构。

20 世纪 60 年代至 90 年代初，美国人工智能相关程序设计语言、专家系统等已取得重大进展，产品化方面取得重要成就。比如，1983 年，世界上第一家批量生产统一规格计算机的公司诞生。美国开始尝试应用人工智能研究成果，如利用矿藏勘探专家系统 PROSPECTOR 在华盛顿区域内发现一处矿藏。

近年来，美国更是出台了一系列政策、法案、促进措施。借助大量的基础创新成果，美国在脑科学、量子计算、通用人工智能等方面超前布局，同时，充分依托硅谷的强大优势，由企业主导建立了完整的人工智能产业链和生态圈，在人工智能芯片、开源框架平台、操作系统等基础软硬件领域实现全球领先。

在奥巴马执政时期，美国政府积极推动人工智能的发展，支持人工智能基础与长期发展。2016 年下半年，美国政府发布了三份具有全球影响力的报告：《为人工智能的未来做好准备》《国家人工智能研发

战略规划》《人工智能、自动化与经济报告》，这三份报告分别针对美国联邦政府及相关机构的人工智能发展、美国的人工智能研发及人工智能对经济方面的影响等提出了相关建议。

2019 年 2 月，时任美国总统特朗普签署行政令，启动美国人工智能倡议，从国家层面调动更多的联邦资金和资源，投入人工智能研究，重点推进研发、资源开放、政策制定、人才培养和国际合作五个领域。美国于 2019 年更新《国家人工智能研发战略规划》，确定了优先发展的基础研究、人机协作、伦理和社会影响、安全、公共数据和环境、标准、人力资源、公私合作八大战略方向，强化政策制定和投资指引，加大国防科技长期投资，并在新版研发战略中强调了公私合作的重要性。

在伦理道德方面，美国将理解并解决人工智能的伦理和社会影响作为《国家人工智能研发战略规划》的八大战略之一，要求将如何表示与"编码"人类价值和信仰体系作为重要研究课题，建立符合伦理的人工智能，制定可接受的道德参考框架，实现符合道德、法律和社会目标的人工智能系统的整体设计。

2018 年，美国成立了人工智能国家安全委员会，负责考察人工智能在国家安全和国防中的伦理道德问题。同时，美国已将人工智能伦理规范教育引入人才培养体系，哈佛大学、康奈尔大学、麻省理工学院、斯坦福大学等诸多美国高校于 2018 年开设了跨学科、跨领域的人工智能伦理课程。

2019 年 2 月，时任美国总统特朗普发布了《维持美国在人工智能领域的领导地位》行政令，重点关注伦理问题，培养公众对人工智能技术的信任和信心，并在应用中保护公民自由、隐私和美国价值观，充分挖掘人工智能技术的潜能。

2019 年 6 月，美国国家科学技术理事会发布《国家人工智能研究与发展战略计划》以落实上述行政令，提出人工智能系统必须是值得信赖的，应当通过设计提高公平、透明度和问责制等举措，设计符合伦理道德的人工智能体系。

2019 年 8 月，美国国家标准与技术研究院（NIST）发布了关于政府如何制定人工智能技术和道德标准的指导意见，要求标准应足够灵活、严格，且把握出台时机；确立改进公平性、透明度和设计责任机制，设计符合伦理的人工智能架构，实现符合道德、法律和社会目标的人工智能系统的整体设计。

2019 年 10 月，美国国防创新委员会推出《人工智能原则：国防部人工智能应用伦理的若干建议》，对美国国防部在战斗和非战斗场景中设计、开发和应用人工智能技术，提出了"负责、公平、可追踪、可靠、可控"五大原则。

在就业方面，在美国政府重视人工智能对就业带来的影响，2017年美国众议院发布《人工智能创新团队法案》，2018 年发布《人工智能就业法案》，提出美国应营造终生学习和技能培训环境，以应对人工智能对就业带来的挑战。

在行业发展上，美国众议院于 2017 年通过了《自动驾驶法案》、美国交通部于 2018 年发布《准备迎接未来交通：自动驾驶汽车 3.0》、美国卫生与公众服务部发布《数据共享宣言》等，规范和管理自动驾驶汽车设计、生产、测试等环节，确保用户隐私与安全。

从研究成果来看，美国在人工智能方面的研究成果在全球处于领先地位。根据全球最大的引文数据库 Scopus 的检索结果，2018 年，美国共发表了 16233 篇与人工智能有关的同行评审论文。论文数量的快速增长主要发生在 2013 年。尽管同期的中国和欧盟的人工智能论文数量也在快速增长，并且每年发表论文的数量明显超过美国，但就论文质量而言，美国人工智能论文的质量一直大幅度领先于其他国家及地区。2018 年，美国平均每篇论文被引用的次数为 2.23 次，而中国为 1.36 次。美国每个相关作者被引用的次数也比全球平均水平高出 40%。

尤其在深度学习领域，美国的论文发表数量远超过其他国家，2015 年至 2018 年共在预印本文库网站 arXiv 发表了 3078 篇相关论文，是中国同期的两倍。近几年，美国每年取得的人工智能专利数量更是占全球总量的一半左右，专利引证数量占到全球的 60%。

在关键技术上，美国的研究成果依旧居于世界领先地位。比如，在计算机视觉领域，谷歌公司和卡内基梅隆大学联合开发的 Noisy Student 模型对图片进行分类的 Top-1 准确率达到 88.4%；在云基础设施上训练大型图像分类系统所需的时间，已经从 2017 年的 3 个小时减少到 2019 年的 88 秒，训练费用也从 1112 美元下降为 12.6 美元。

从产业发展来看，根据中国信息通信研究院数据研究中心发布的《2019 年 Q1 全球人工智能产业数据报告》，截至 2019 年 3 月底，全球活跃人工智能企业达 5386 家，仅美国就多达 2169 家，数量远超过其他国家；中国大陆地区达 1189 家；排名第三的英国则为 404 家。

美国公司在专利和主导性人工智能收购方面表现强劲。比如，在

15 个机器学习子类别中，微软和 IBM 在 8 个子类别中申请了比其他任何实体公司都多的专利，包括监督学习和强化学习类。美国公司在 20 个领域中的 12 个领域的专利申请处于领先地位，包括农业（迪尔公司）、安全（IBM 公司），以及个人设备、计算机和人机互动（微软公司）。

人才储备是美国在人工智能领域得以领先的又一关键原因。人工智能产业的竞争，可以说就是人才和知识储备的竞争。只有投入更多的科研人员，不断加强基础研究，才会获得更多的智能技术。

美国研究者显然更关注基础研究，使得美国人工智能的人才培养体系扎实，研究型人才优势显著。具体来看，在基础学科建设、专利及论文发表、高端研发人才、创业投资和领军企业等关键环节上，美国都已形成了能够持久领军世界的格局。

根据 MacroPolo 智库的研究，在报告所圈定的顶级人工智能研究人才中，59%在美国工作，中国有 11%，与美国相比有四五倍的差距，剩下的人工智能人才则分布在欧洲、加拿大。人才差异显而易见。

二、中国：从国家战略到纳入新基建

人工智能是中国深化供给侧改革、推进数字经济发展的重要技术。党中央、国务院准确把握新一轮科技革命和产业变革发展大势，抢抓人工智能发展的重大战略机遇，构筑中国人工智能发展的先发优势，加快建设创新型国家和世界科技强国。国家重视引导人工智能的健康发展，相关部门重视推动人工智能的健康发展。

在中国，政府正通过多种形式支持人工智能的发展，形成了科学技术部、国家发展改革委、中央网信办、工业和信息化部、中国工程院等多个部门参与的人工智能联合推进机制。从 2015 年开始，中国政府先后发布多则支持人工智能发展的政策，为人工智能技术发展和落地提供大量的项目发展基金，并且对人工智能人才的引入和企业创新提供支持。这些政策给行业发展提供坚实的政策导向的同时，也给资本市场和行业利益相关者发出积极信号。

2015 年至 2016 年是制定人工智能的初期政策的阶段，主要集中在体系设计、技术研发和标准制定等方面，以尽快为后续发展奠定基本的框架和技术基础。

2015 年 7 月，国务院出台《关于积极推进"互联网+"行动的指导意见》，将人工智能纳入发展的重点任务之一，标志着人工智能制定产业政策的时期正式开启。

2016 年 5 月，国家发展改革委印发《"互联网+"人工智能三年行动实施方案》，提出打造人工智能基础资源与创新平台，建立人工智能产业体系、创新服务体系和标准化体系，突破基础核心技术，在重点领域培育若干全球领先的人工智能骨干企业等任务。

2016 年 8 月，国务院发布《"十三五"国家科技创新规划》，明确把人工智能作为体现国家战略的重大科技项目。

2017 年 3 月，"人工智能"首次被写入全国政府工作报告。

同年 7 月，国务院发布《新一代人工智能发展规划》，人工智能全面上升为国家战略。《新一代人工智能发展规划》是中国人工智能领域的第一个系统部署文件，具体对 2030 年中国人工智能发展的总体思路、战略目标和任务、保障措施进行系统的规划和部署。政策根据中国人工智能市场目前的发展现状分别对基础层、技术层和应用层的发展提出了要求，并且确立了中国人工智能在 2020 年、2025 年及 2030 年的"三步走"发展目标：

到 2020 年，人工智能技术和应用与世界先进水平同步，人工智能产业成为新的重要经济增长点，人工智能核心产业规模超过 1500 亿元，带动相关产业规模超过 1 万亿元；到 2025 年，人工智能基础理论实现重大突破，部分技术与应用达到世界领先水平，人工智能成为带动中国产业升级和经济转型的主要动力，核心产业规模超过 4000 亿元，带动相关产业规模超过 5 万亿元；到 2030 年，人工智能理论、技术与应用总体达到世界领先水平，成为世界主要人工智能创新中心，核心产业规模超过 1 万亿元，带动相关产业规模超过 10 万亿元。

10 月，人工智能被写入党的十九大报告，"推动互联网、大数据、人工智能和实体经济深度融合"。

12 月，工业和信息化部印发了《促进新一代人工智能产业发展三年行动计划（2018—2020 年）》，从推动产业发展角度出发，以三年为期限明确了多项任务的具体指标，对《新一代人工智能发展规划》的相关任务进行了细化和落实，以信息技术与制造技术深度融合为主线，推动新一代人工智能技术的产业化与集成应用。同时，大力鼓励和支持传统产业向智能化升级，陆续出台《智能制造发展规划（2016—2020 年）》《产业结构调整指导目录（2019 年本）》等重要文件，为产业升级提供了有力的政策保障。

2018 年 1 月，《人工智能标准化白皮书（2018 版）》正式发布，标准化工作进入全面统筹规划和协调管理阶段。3 月，人工智能再度被列入政府工作报告，着重强调"产业级的人工智能应用"，在医疗、养老、教育、文化、体育等多领域推进"互联网+"，发展智能产业，拓展智能生活。

11 月，工业和信息化部办公厅印发《新一代人工智能产业创新重点任务揭榜工作方案》，旨在聚焦"培育智能产品、突破核心基础、深化发展智能制造、构建支撑体系"等重点方向，征集并遴选一批掌握关键核心技术、具备较强创新能力的单位集中攻关。

2019 年，人工智能第 3 年出现在政府工作报告中。报告提出，将人工智能升级为"智能+"，要推动传统产业改造提升，特别是要打造工业互联网平台，拓展"智能+"，为制造业转型升级赋能。要促进新兴产业加快发展，深化大数据、人工智能等研发应用，壮大数字经济。

3 月，中央全面深化改革委员会第七次会议中，审议通过了《关于促进人工智能和实体经济深度融合的指导意见》，强调把握新一代人工智能的发展特点，结合不同行业的区域特点，探索创新成果转化的路径，构建数据驱动、人机协同、跨界融合、共创分享的智能经济形态。

8 月，科技部《国家新一代人工智能创新发展试验区建设工作指引》提出，到 2023 年，布局建设 20 个左右的试验区，创新一批切实有效的政策工具，形成一批人工智能与经济社会发展深度融合的典型模式，积累一批可复制可推广的经验做法，打造一批具有重大引领带动作用的人工智能创新高地。北京、上海、天津、深圳、杭州、合肥、济南、西安、成都、重庆等地相继获批建设国家新一代人工智能创新发展试验区。

如今，人工智能已被纳入新型基础设施建设，成为"新基建"的七大方向之一，以及信息化领域的通用基础技术，提供基础智慧能力的一系列芯片、设备、算法、软件框架、平台等的统称。显然，推动"人工智能新基建"有助于加速传统产业智能化升级，而这反过来将促使人工智能技术升级进化。

长期来看，人工智能作为新技术基础设施，被视为支撑传统基础设施转型升级的融合创新工具。新基建将加速中国产业链完成数字化转型和智能化升级，实现产业要素的高效配置，助力国家经济发展新旧动能转换。

可见，人工智能是技术趋势，亦是基础设施。在政策的持续鼓励下，人工智能行业景气指数还将持续走高，这也为国家进一步加快推进人工智能应用提供了条件和机遇。

经过多年的积累，中国已在人工智能领域取得了一系列重要成果，形成了自身独特的发展优势。无论是顶层设计还是研发资源的投入，以及产业的发展，都呈加快追赶的态势。

从产业发展来看，尽管中国人工智能产业基础层整体实力较弱，少有全球领先的芯片公司，但各大厂商正加快布局，如百度、阿里巴巴、腾讯和华为等综合型厂商在计算机视觉、自然语言处理、语音识别等核心技术领域均有发展。

在应用层面上，人工智能应用场景多样，中国人工智能企业已在教育、医疗、新零售等领域实现广泛布局，而金融、医疗、零售、安防、教育、机器人等行业中亦有为数较多的人工智能企业参与竞争。

大数据优势也是中国发展人工智能的重要优势，人工智能技术发展需要大量的数据积累进行训练。中国较为完备的工业体系和庞大的人口基数，使得中国人工智能发展在数据积累方面优势明显。

三、欧盟：确保欧洲人工智能的全球竞争力

为了推进欧洲人工智能的发展，欧盟积极推动整体层面的人工智能合作计划。2018 年 4—7 月，欧盟成员国全部签署《人工智能合作宣言》，承诺在人工智能领域形成合力，与欧盟委员会开展战略对话。2018 年年底，欧盟发布《关于欧洲人工智能开发与使用的协同计划》，提出采取联合行动，以促进欧盟成员国、挪威和瑞士在以下四个关键领域的合作：增加投资、提供更多的数据、培养人才和确保信任。2019 年 1 月，欧盟启动 AI FOR EU 项目，建立人工智能需求平台、开放协作平台，汇聚 21 个成员国的 79 家研发机构、中小企业和大型企业的数据、计算、算法和工具等人工智能资源，提供统一开放服务。

欧盟为确保欧洲人工智能的全球竞争力，发布《欧盟人工智能战略》，签署合作宣言，发布协同计划，联合布局研发应用，确保以人为本的人工智能发展路径，打造世界级的人工智能研究中心，在类脑科学、智能社会、伦理道德等领域开展全球性的领先研究。

此外，欧盟重视建立人工智能伦理道德和法律框架，秉持以人为本的发展理念，确保人工智能技术朝着有益于个人和社会的方向发展。

欧盟于 2018 年 4 月发布《欧盟人工智能》战略报告，将确立合适的伦理和法律框架作为三大战略重点之一，成立了人工智能高级小组（AI HLG），负责起草人工智能伦理指南。

2019 年 4 月，欧盟人工智能高级小组发布《可信人工智能伦理指南》，提出可信人工智能的概念。欧盟人工智能高级小组从欧洲核心价值"在差异中联合"出发，指出在快速变化的科技中，信任是社会、社群、经济体及可持续发展的基石。欧盟认为，只有当一个清晰、全面的，可以用来实现信任的框架被提出时，人类和社群才可能对科技发展及其应用有信心，也只有通过可信人工智能，欧洲公民才能从人工智能中获得符合其基础性价值（如尊重人权、民主和法治）的利益。

可信人工智能有三个组成部分：合法性、伦理性和鲁棒性，其还包括三层框架：四大基本伦理原则—七项基础要求—可信人工智能评估清单。该框架从抽象的伦理道德和基本权利出发，逐步提出了具体可操作的评估准则和清单，便于企业和监管方进行对照。

此外，欧盟在《人工智能白皮书：通往卓越与信任的欧洲路径》中提出，赢得人们对数字技术的信任是技术发展的关键。欧盟将创建独特的"信任生态系统"，以欧洲的价值观和人类尊严及隐私保护等基本权利为基础，确保人工智能的发展遵守欧盟规则。

从国家层面来看，受限于文化和语言差异，阻碍了大数据集合的形成，欧洲各国在人工智能产业上不具备先发优势，但欧洲国家在全球人工智能伦理体系建设和规范的制定上抢占了"先机"。欧盟注重探讨人工智能的社会伦理和标准，在技术监管方面占据全球领先地位。

四、英国：建设世界级人工智能创新中心

近年来，英国政府颁布多项政策，核心就是积极推动产业创新发展，塑造其在人工智能伦理道德、监管治理领域的全球领导者地位，让英国成为世界级人工智能创新中心，再次引领全球科技产业发展。

为了扶持英国人工智能产业的发展，使英国成为全球人工智能创新的中心，英国政府发布了一系列相关的战略和行动计划。英国政府在 2017 年发布的《产业战略：建设适应未来的英国》中，确立了人工智能发展的四个优先领域：将英国建设为全球人工智能与数据创新中心；支持各行业利用人工智能和数据分析技术；在数据和人工智能的安全等方面保持世界领先；培养公民工作技能。

2018 年 4 月，英国商业、能源和产业战略部及数字、文化、媒体和体育部发布的《人工智能领域行动》提出，在研发、技能和监管创新方面投资；支持各行业通过人工智能和数据分析技术提高生产力；加强英国的网络安全能力等。

为了使英国人工智能科研实力继续保持领先，英国政府在《人工智能领域行动》等多个人工智能方面的政策文件中提出，由政府提高研发经费投入，优先支持关键领域的创新等措施：未来 10 年，英国政府将研发经费（包括人工智能技术）占 GDP 的比例提高到 24%；2021 年研发投资达 125 亿英镑；从"产业战略挑战基金"中拨款 9300 万英镑，用于机器人与人工智能等技术的研发。目前，在英国已有并正在涌现许多创新型人工智能公司，英国政府也积极推出针对初创企业的激励政策。

人工智能伦理方面，英国成立了数据伦理和创新中心，负责实现和确保数据（包括人工智能）安全的创新性应用，并合乎伦理。

英国的人工智能与机器学习伦理研究所提出"负责任机器学习"的八项原则，授权所有行为体（从个人到整个国家）开发人工智能，这些原则涉及人类控制保持、对人工智能影响的适当补救、偏见评估、可解释性、透明度、可重复性、减轻人工智能自动化对劳动者、准确性、成本、隐私、信任和安全等问题的影响。

五、日本：以人工智能构建"超智能社会"

2016 年 1 月，日本政府颁布《第五期科学技术基本计划》，提出了超智能社会 5.0 战略，并将人工智能作为实现超智能社会 5.0 的核心。2016 年 4 月，时任日本首相安倍晋三提出，设定人工智能研发目标和产业化路线图，以及组建人工智能技术战略会议的设想。

日本以建设超智能社会 5.0 为引领，将 2017 年确定为人工智能元年，发布国家战略，全面阐述了日本人工智能技术和产业化路线图，针对制造业、医疗和护理行业、交通运输等领域，希望通过人工智能强化其在汽车、机器人等领域的全球领先优势，着力解决本国在养老、教育和商业领域的国家难题。并设立"人工智能技术战略会议"，从"产学官"相结合的战略高度来推进人工智能的研发和应用。

在 2017 年政府预算中，日本政府对人工智能技术研发给予了多方面的支持。另外，日本企业纷纷开展对人工智能的相关研发与应用。

2018 年 6 月，日本政府在人工智能技术战略会议上出台了推动人工智能普及的计划。当前，日本积极发布国家层面的人工智能战略、产业化路线图，旨在结合机械制造及机器人技术方面的强大优势，确立人工智能、物联网、大数据三大领域联动，机器人，汽车、医疗三大智能化产品引导，突出硬件带软件，以创新社会需求带动人工智能产业发展。

在基础研究及应用方面，日本总务省、文部科学省、经济产业省三部门分工协作发展人工智能。其中，总务省主要负责脑信息通信、声音识别、创新型网络建设等内容；文部科学省主要负责基础研究、新一代基础技术开发及人才培养等；经济产业省主要负责人工智能的实用化和社会应用等。

此外，日本共聚政府、学术界和产业的力量，推动技术创新及人工智能产业发展。日本的人工智能技术战略委员会作为人工智能国家层面的综合管理机构，负责推动三部门及下属研究机构间的协作，进行人工智能技术研发。同时，日本的科研机构还积极加强与企业的合作，大力推动人工智能研发成果的产业化。

六、德国：打造"人工智能德国"

早在 20 世纪 70 时代中后期，德国就提出了与人工智能相关的政策，即推行"改善劳动条件计划"。该计划对部分高危工种定下强制性规定，要求这些危险工作必须由机器人带人执行。此后数十年，德国人工智能行业的发展始终与机器人及工业制造业密切相关。

2013 年的汉诺威工业博览会上，德国联邦政府发布"工业 4.0"战略，该战略以建设智能工厂为核心，旨在利用互联网、人工智能等技术提升德国工业的竞争力，从而在以智能制造为主导的新一轮工业革命中占据先机。人工智能作为"工业 4.0"战略的关键技术，在德国国家战略中的地位与日俱增，一系列与之相关的发展计划和研究报告被相继提出，其中较为重要的有《高科技战略 2025》、德国研究与创新专家委员会（EFI）发布的《研究与创新和科技能力年度评估报告》、德国与法国合作开展的《关于人工智能战略的讨论》等。

德国依托"工业 4.0"及智能制造领域的优势，在其数字化社会和高科技战略中明确人工智能布局，打造"人工智能德国造"品牌，推动人工智能研发和应用达到全球领先水平。

2018 年以来，德国联邦政府更加强调人工智能研发应用的重要性。2018 年 9 月，德国联邦政府颁布《高科技战略 2025》，该战略提出的 12 项任务之一就是"推进人工智能应用，使德国成为人工智能领域世界领先的研究、开发和应用地点之一"。该战略还明确提出建立人工智能竞争力中心、制定人工智能战略、组建数据伦理委员会、建立德法人工智能中心等。2019 年 2 月，德国经济和能源部发布《国家工业战略 2030》（草案），多次强调人工智能的重要性。

凭借雄厚的智能制造积累，德国积极推广人工智能技术。2018 年7 月、I1 月，德国政府接连发布《联邦政府人工智能战略要点》及《联邦政府人工智能战略》文件，提出让"人工智能德国造"成为全球认可的品牌。

2018 年 11 月，德国在《联邦政府人工智能战略》中制定三大战略目标，以及包括研究、技术转化、创业、人才、标准、制度框架和国际合作在内的 12 个行动领域，旨在打造"人工智能德国造"品牌，该战略提出的具体措施包括：扶持初创企业；建设欧洲人工智能创新集群，研发更贴近中小企业的新技术；增加和扩展人工智能研究中心等。

第二节　抢占人工智能高地

不确定性塑造了关系。各国关于人工智能高地的竞争使人类对未来的思考及全球化进程都在改变和重新定义。

2017 年 9 月，俄罗斯总统普京公开表示"人工智能就是全人类的未来"，"它带来了巨大的机遇，但同时潜藏着难以预测的威胁"。

人工智能领域的进步对未来至关重要。从经济角度来看，人工智能已成为带动经济增长的重要引擎。

人工智能赋能产业，将带来各行各业的加速发展，使经济规模不断扩大。一方面，人工智能驱动产业智能化变革，在数字化、网络化基础上，重塑生产组织方式，优化产业结构，促进传统领域智能化变革，引领产业向价值链高端迈进，全面提升经济发展的质量和效益。

另一方面，人工智能的普及将推动多行业的创新，大幅提升现有的劳动生产率，开辟崭新的经济增长空间。据埃森哲预测，2035 年，人工智能将推动中国的劳动生产率提高 27%，经济总增加值提升 7.1 万亿美元。

从国际政治来看，人工智能的影响主要表现在各国获取大数据资源的能力和分析方面的差异。如今，数据的价值愈加凸显，成为国家权力的战略资源。

万物互联引起了数据的大爆炸，收集这些数据并加以处理，将带动一批新兴科技企业的崛起和发展，并最终影响世界经济和军事的发展。而人工智能在数据的挖掘和分析中无疑扮演着重要角色。

随着人工智能的发展，对人工智能的讨论已不限于科技的角度。显然，人工智能不是武器，不同于导弹、潜艇或坦克，而是与内燃机、电力等更为相似，是使能者，是一项应用领域广泛的通用技术，有更广泛的应用范围。

人工智能对于任何一个国家的经济实力、军事实力、数据分析能力等都十分重要，关系着在新一轮国际博弈中能否取得竞争优势，也推动着国际体系结构的变迁。

从全球人工智能国家战略规划的发布态势来看，北美、东亚、西欧地区成为人工智能最活跃的地区。美国等发达国家具备人工智能基础理论、技术积累、人才储备、产业基础方面的先发优势，率先布局。

从整体发展来看，世界范围内不同国家对于人工智能的发展略有侧重。美国的人工智能发展以军事应用为先导，带动科技产业发展，以市场和需求为导向，注重通过高技术创新引领全球经济发展，同时注重产品标准的制定。

欧洲的人工智能发展则注重科技研发创新环境，注重伦理和法律方面的规则制定。亚洲的人工智能发展则以行业应用需求为先，注重产业规模和局部关键技术的研发。

当前，中美在全球人工智能的入局与布局中具有领先地位，是全球人工智能产业发展的第一梯队。

从中美在人工智能方面的角逐来看，美国在基础层的优势巨大。以开源算法平台为例，谷歌、脸书、微软都推出了自己的深度学习算法的开源平台，中国则有百度的飞桨。

在技术层的云平台中，美国作为云计算的初始玩家，占据市场主导地位。中国的阿里巴巴、华为、腾讯等互联网巨头推出了领先的云服务平台。

而在应用层，中美互联网巨头都有属于自己的垂直应用平台。以语音平台为例，谷歌助理、微软小娜、科大讯飞语音开放平台、百度大脑都是业内的知名平台。

不确定性塑造了关系。当前，人工智能已被纳入国际议程之中，国际社会正在制定新的国际规范，但尚未成形，更未产生实质效力。人工智能改变了人类对过去既定生活方式的认知，冲击着国际竞争的格局和态势，然而，全球人工智能领域的竞争白热化才刚刚开始。

第三节　人工智能时代，技术不中立

与过去的任何一个阶段的技术都不相同，在工业社会时代，人对于技术的敬畏是天然的和明显的，技术被看作理性的工具。人工智能重塑了人与技术的关系，技术不再仅仅是"制造"和"使用"的方式，而是一种人化的自然。

智能时代下，对于技术的理解和驯化，调试人和技术的关系成为人们新近的关切。随着法律与科技之间的难题不断突现，复杂的困境和新兴的挑战迭起，过去的"技术中立"观念受到越来越多的质疑。

科技的利好推迟了我们对技术副作用的反思，然而，当行业发展的脚步放缓后，人们开始逐渐意识到这个时代的"技术不中立"。

一、有目的的技术

不论是第一次技术革命，蒸汽机推动生产效率提高；还是第二次技术革命，电力与内燃机的大规模使用使生产效率翻番，技术的本质都与人类祖先手中的石器并无二致——提升效率，拓展生活外延。不同的是，现代技术受到了现代科学的客观性影响。

正因为现代技术被赋予科学的要素，以至于在很长一段时间里人们都认为，这种来源于科学的技术本身并无好坏的问题，其在伦理判断层面上是中立的。其中，技术中立的含义被分别从功能、责任和价值的角度证实。

功能中立认为技术在发挥其功能和作用的过程中遵循了自身的功能机制和原理时，技术就实现了其使命。在互联网方面，功能中立尤其体现在网络中立上，即互联网的网络运营商和提供者在数据传输和信息内容传递上一视同仁地对待网络用户，对用户需求保持中立，不得提供差别对待。

责任中立则把技术功能与实践后果相分离，指技术使用者和实施者不能对技术作用于社会的负面效果承担责任，只要他们对此没有主观上的故意。责任中立也就是所谓的"菜刀理论"：菜刀既可以切菜，也可以行凶，但菜刀的生产者不能对有人用菜刀行凶的后果承担责任。

但不论是技术的功能中立，还是责任中立，都指向了技术的价值中立。显然，在第三次工业革命里，围绕着技术的行为，从设想技术到开发技术、传播技术、应用技术、管制技术等，没有一个存在所谓的"中立"。人们的价值观早已融入我们所设计和建造的一切。

与随机杂乱、物竞天择的进化过程不同，技术是发明者意志的产物，是为了达成某种目的而形成的。尽管技术包含着一个客观结构，但技术同时服务于人的目的理性活动。这意味着，它在诞生前就已经被概念化和谨慎思考过。每一个新的创造都是为了满足需求、实现目的。

当市场是一片空白时，处处是蓝海。无论产品质量如何，都能满足涌进互联网的新用户的消费需求。而在增量市场成为过去式后，竞争变成了一场存量的争夺。于是，在消费互联网的下半场，当用户规模不再增长时，科技公司为了生存就只能从技术的角度开发更多符合商业价值的产品。

而在这个过程中，技术中立则必然受到商业偏好的影响。这就是亚伯拉罕·卡普兰的工具法则——当人们只有一把锤子时，所有的东西看起来都像钉子。资本逐利是商业价值的根本，"中立"已无从谈起。

二、不中立的技术

实际上，"技术不中立"并不是一个新近的概念。甚至早在 2014 年，白宫发布的《大数据：抓住机遇，保存价值》战略白皮书就已有暗示。

此战略白皮书强调了"技术第一定律"的重要性，即"技术没有好与不好之分，但技术也不是中立的"。而其背景和大环境则是"大数据"的迅猛发展，是美国制定了数据安全的风险管理作为"以数据为中心"的战略重点，是美国以数据的"武器化"确保"信息优势"和"决策优势"。

在技术昭示了人们的技术目的时，充斥着人们的商业取向，走向"技术不中立"成为必然趋势。数据收集是人工智能技术设计进入实践领域的起点，而人工智能侵权在此阶段便已悄然产生。

事实上，人工智能时代以 Web2.0 作为连接点沟通着现实世界与网络虚拟世界，而政府和企业则利用 Web2.0 不可估量的数据收集功能将网络用户活动的任何痕迹都作为数据收集起来，未经加密的数据使得蕴含于其中的大量个人信息和隐私犹如"裸奔"，被他人为谋取私利所泄露或进行不法利用。这是"技术不中立"的第一步。

随着大数据和人工智能的迅猛发展，当前，私人空间与公共空间的界限已经日益模糊。它无所不在且具体而微，以隐蔽的微观渠道抵达用户并弥散于生活的每一个角落。人工智能技术俨然成为一种承载权力的知识形态，它的创新伴随而来的是控制社会的微观权力的增长。

于是，在技术创新发展的时代，曾经的私人信息在信息拥有者不知情的情况下被收集、复制、传播和利用。这不仅使隐私侵权现象能够在任何时间、地点的不同关系中产生，还使企业将占据的信息资源通过数据处理转化成商业价值并再一次通过人工智能媒介反作用于用户意志和欲求。这是"技术不中立"的第二步。

现在，人工智能时代算法对人类的影响几乎渗透到了生活中的各个领域并逐渐接管世界，诸多个人、企业、公共决策背后都有算法的参与。与传统机器学习不同，深度学习背后的人工智能算法并不遵循数据采集输入、特征提取选择、逻辑推理预测的旧范式，而是依据事物的初始特征自动学习并进一步生成更高级的认知结果。

这意味着，在人工智能输入数据与输出答案之间，存在着人们无法洞悉的"隐层"，也就是所谓的"黑箱"。倘若人们以一个简单的、直线的因果逻辑，或以数学上可计算的指数增加的关联来描述这个关系时，"黑箱"则是"白"的，即"黑箱"里的运作是可控的、输出结果是可预料的。

然而，一旦"黑箱"里不是人们所描述的情形时，"箱子"就是"黑"的，人们必须接受输入并不是明确决定了输出，反而是系统自身（即"黑箱"）在决定自己。这一点很重要，显然，未来的技术可能比今天的技术更强大，影响更深远。当人工智能做出自己的道德选择时，继续坚持技术中立将毫无意义。这是"技术不中立"的第三步。

当然，技术受科技客观性的影响有其自身的发展模式和逻辑，这种客观面向使其可以成为人类社会可把握、可依赖的工具，但技术设计者或者团体同样会有自己的价值导向并根据其价值观设计对科学意义的承诺。

与此同时，科技设计者在理解科学意义时无法摆脱社会价值的影响，这意味着，任何技术都不是简单地从自然中获取，而是在特定的历史环境、文化背景、意识形态下结合技术设计者的目的判断而建构起来的。

人工智能时代，技术早已不中立。当下，科技也已经逐渐显示出副作用。而这背后的逻辑正是社会解释系统的发展已经远远滞后于科技的发展。技术由人创造、为人服务，这也将使我们的价值观变得更加重要。

三、人工智能向善

无人驾驶领域有一个经典的"电车悖论"，"电车悖论"之所以经典，在于其涉及的并不是简单的算法问题，而是更重要的道德问题。每个人有不同的道德观，在车祸发生时，人们不得已要牺牲谁的时候，每个人会依赖自己的道德做决定。所以在全社会，看到的是一个多样化的选择结果：有的人更倾向于保护乘客，有的人更倾向于保护路人，有的人先保护老人，有的人先保护小孩、妇女等。

而到了人工智能，就将原本分散的问题、落到每个人头上的随机的问题变成了算法下的固定问题，即人为设计的人工智能，成批地把道德观念统一固定在了一个地方，就变成了"系统性牺牲谁"的问题。而系统性保护谁、牺牲谁的决定，是否能被民众广泛接受？这就产生了的巨大的、引发辩论的道德和社会问题。

当然，"电车悖论"只是人工智能时代的一个讨论，汽车事故的概率是很小的，"电车悖论"的背后，更深层次的便是人工智能正在且将要对社会产生的影响。事实上，尽管人工智能的理论和算法渐趋成熟，但人工智能依旧是一个新生的领域，这也使人工智能对社会的影响还在形成之中，而在这个过程中，要想充分发挥人工智能对社会的效用，技术价值观的建设就显得尤为重要。

总体来说，人工智能的发展应以科技向善为方向，在不断释放人工智能所带来的技术红利的同时，也要精准防范并积极应对人工智能可能带来的风险，平衡人工智能创新发展与有效治理的关系，坚持人工智能向善，持续提升有关算法规则、数据使用、安全保障等方面的治理能力，为人工智能营造规范有序的发展环境。

显然，人工智能在为人类社会发展带来更多便利、提高效率的同时，会进一步模糊机器世界与人类世界的边界，导致诸如算法歧视、隐私保护、权利保障等风险问题，甚至会引发社会失业、威胁国家安全等严峻挑战。

　　鉴于人工智能带来的风险涉及范围广、影响大，因此，有必要从全球治理的高度，重新审视并思考如何精准防范并有效应对人工智能所带来的风险挑战，以避免人工智能对人类社会的发展产生负面影响。

　　比如，韩国在《人工智能国家战略》中提出"防止人工智能产生负面效应，制定人工智能伦理体系，推进监测人工智能信赖度、安全性等的质量管理体系建设"等引导人工智能安全发展的要求。平衡好人工智能创新发展与有效治理的关系是关键。

　　一方面，过于严苛的治理方式会限制人工智能技术的创新与进步，导致任何的技术创新都步履维艰。另一方面，没有任何监管与规制的人工智能极易"走偏"，给人类社会带来风险与危害，与人工智能向善背离。

　　因此，应当找到创新发展与有效治理之间的平衡点，坚持安全可控的治理机制，将开放创新的技术发展并重，给予技术进步与市场创新适当的试错、调整空间，对人工智能发展既不简单粗暴、"一刀切"扼杀，也不任其自由泛滥，而是充分发挥多元主体协同共治的效能，使各方各司其职、各尽其力，把握治理原则，守住治理底线，确保人工智能产业的创新活力与发展动力，提升公众在使用人工智能技术及产品时的获得感和安全感。

第四节　多元主体参与，全球协同共治

　　无论人工智能究竟意味着风险还是机遇，在原有及新的全球问题

中又扮演着何种角色，全球人工智能治理势在必行。

早在 2017 年，美国、欧盟及进入脱欧进程的英国就强调对人工智能的治理必不可少。美国莫宁咨询公司（Morning Consult）的调查数据显示，超过 67%的受访者明确支持对人工智能进行治理。

世界各国对人工智能带来的治理挑战持积极态度。比如，在机器人原则与伦理标准方面，美国、日本、韩国、英国、欧盟和联合国教科文组织等相继推出了多项伦理原则、规范、指南和标准。除了国家政府执行治理规则外，国际组织与行业联盟也在人工智能的全球治理上发挥着重要作用。

一、从国际组织到行业引导

人工智能的发展具有跨国界、国际分工的特征，这意味着，人工智能的治理需要国际组织加强国家间协调合作。

一方面，政府间国际组织引导着人工智能领域形成大国共识。由于各国对人工智能技术研发的关注与投入不同，关于人工智能治理的规则率先在发达国家形成和扩散。政府间国际组织作为引领国际规则制定的风向标，针对人工智能与监管展开讨论，汲取各国关于人工智能治理的原则性宣言，将引导人工智能治理稳步迈向并达成国际共识。

另一方面，政府间国际组织能够推动人工智能合理规则的全球共享。人工智能技术在各国的发展参差不齐，多数发展中国家和不发达国家并未将人工智能治理纳入国家战略。由此，政府间国际组织前瞻性地发布人工智能治理规则，将推动缩短国家间数字鸿沟，促进世界各国人工智能技术的协调、健康、共享发展。

其中，联合国秉持着国际人道主义原则，早在 2018 年就提出了"对致命性自主武器系统进行有意义的人类控制原则"，还提出了"凡是能够脱离人类控制的致命性自主武器系统都应被禁止"的倡议，并且在海牙建立了一个专门的研究机构（犯罪和司法研究所），主要用来研究机器人和人工智能治理的问题。

二十国集团（G20）于 2019 年 6 月发布《G20 人工智能原则》，倡导以人类为中心、以负责任的态度开发人工智能，并提出"投资人工智能的研究与开发、为人工智能培养数字生态系统、为人工智能创造有利的政策环境、培养人的能力和为劳动力市场转型做准备、实现可信赖人工智能的国际合作"等具体细则。

经济合作与发展组织（OECD）于 2019 年 5 月发布《关于人工智能的政府间政策指导方针》，倡导通过促进人工智能的包容性增长、可持续发展和福祉，使人民和地球受益，提出"人工智能系统的设计应尊重法治、人权、民主价值观和多样性，并应包括适当的保障措施，以确保公平和公正的社会"的伦理准则。

2018 年的 G7 峰会上，七国集团领导人提出了 12 项人工智能原则：促进以人为本的人工智能及其商业应用，继续推动采用中性的技术伦理途径；增加对人工智能研发的投资，对新技术进行公开测试，支持经济增长；为劳动力接受教育、培训和学习新技能提供保障；在人工智能的开发和实施中，为代表性不足群体（包括妇女和边缘化群体）提供保障，并使其参与其中；就如何推进人工智能创新促进多方相关者对话，增进信任，提高采用率；鼓励可提升安全性和透明度的倡议；促进中小企业使用人工智能；对劳动力进行培训；增加对人工智能的投资；鼓励以改善数字安全性和制定行为准则为目的的倡议；保护开发隐私和进行数据保护；为数据自由流动提供市场环境。

联合国教科文组织与世界科学知识和技术伦理委员会则在 2016年 8 月发布了《机器人伦理的报告》，倡导以人为本，努力促使"机器人尊重人类社会的伦理规范，将特定伦理准则编写进机器人中"，并且提出机器人的行为及决策过程应全程处于监管之下。

此外，人工智能赋能的未来全球治理不应该仅仅由少数国家或者少数超级公司来决定。在人工智能规则、政策和法律的产生和制定过程中，应该将多方行为体广泛纳入。除了国际组织外，行业组织作为兼顾服务、沟通、自律、协调等功能的社会团体，是协调人工智能治理、制定人工智能产业标准的先行者和积极实践者。

其中，行业组织包括行业协会、标准化组织、产业联盟等机构，代表性的行业协会包括电气与电子工程师协会（EEE）、美国计算机协会（ACM）、人工智能促进协会（AAAI）等，标准化组织包括国际标准化组织（ISO）、国际电工委员会（IEC）等。产业联盟包括国际网络联盟、中国的人工智能产业技术创新战略联盟、人工智能产业发展联盟等。为推动行业各方落实人工智能的治理要求，行业组织较早地开展了人工智能治理的相关研究，积极制定人工智能技术及产品标准，并持续贡献着治理智慧。

2019 年，国际电气和电子工程师协会（IEE）发布了《人工智能设计伦理准则》（正式版），通过伦理学研究和设计方法论，倡导人工智能领域的人权、福祉、数据自主性、有效性、透明、问责、知晓滥用、能力性等价值要素。

企业在推动人工智能治理规则和标准落地上发挥着决定性作用，是践行治理规则和行业标准的中坚力量。企业作为人工智能技术的主要开发者和拥有者，掌握了资金、技术、人才、市场、政策扶持等大量资源，理应承担相关社会责任，严格遵守科技伦理、技术标准及法律法规，以高标准进行自我约束与监督，实现有效的行业自律自治。面对人工智能所引发的社会担忧与质疑，一些行业巨头企业开始研究人工智能对社会经济、伦理等问题的影响，并积极采取措施确保人工智能造福人类。由此，企业是必不可少的人工智能治理规则的践行者，也是确保人工智能技术向正确道路发展的重要防线。

比如，IBM、微软、谷歌、亚马逊及一些科研机构对人工智能的治理尝试。同时，这些高科技公司提出倡议，确保负责任地使用人工智能；确保负责任地设计人工智能系统；确保负责任地使用数据，并测试系统中潜在的有害偏见；减轻机器决策中存在的不公平和其他潜在危害。

二、国际合作助力人工智能行稳致远

显然，无论是国际组织还是行业组织，全球人工智能治理都离不开国际合作。由于国家战略与外交政策、国内政治与国际政治之间的紧密关联，加之治理本身的内在要求不仅指向全球现实难题，而且往往关乎全球未来风险。

有鉴于此，国际合作始终是未来人工智能治理的关键所在，如果说人工智能技术是科学问题，治理则更多侧重于价值建构，需要共同的理解、协作与规范，需要建立起以各国政府为主导、非政府组织参与的全球合作网络；形成关于人工智能的全球治理，充分总结并交流经验，有效应对技术革命带来的失业、贫富差距拉大、智能犯罪及可能的战争威胁；反对恐怖主义，搭建人道主义危机的协商救援平台。

国际社会只有在人工智能战略规划、政府职能转变、企业创新、伦理价值构建、安全评估、国际合作与对话、人工智能跨学科综合人才培养等多方面联动，才能得以妥善应对人工智能时代新的全球治理需求，最大限度地让人工智能为实现人类社会福祉服务。

一方面，缔结灵活合作安排和约束性承诺。由于人工智能几乎渗透到了人类社会的方方面面，其中的信息资源对国家行为体而言至关重要，因而有必要促成国家间合作。同时，人工智能带来的技术革新要求可能导致新的权力不平衡。然而，不论是人工智能研究，还是人工智能与人类之间的互动，都是新时代的产物，这也让人工智能时代的国际合作难以学习或借鉴过往经验。

有鉴于此，有必要建构一种新的旨在推动人工智能治理的国际组织，通过灵活合作安排、缔结国际条约，寻求共识、弥合分歧，从而建立一种更具约束性的国际合作框架。

另一方面，构建国际安全合作机制。当人工智能技术与数据挖掘运用于军队和作战，显然与国家安全紧密相关，这与国家主权利益相互交织，并且关乎未来战争与国际冲突的管控。因而，人工智能的军事安全应用势在必行。

从长远来看，有力的集体监管和执行机制可能有利于抑制国家在人工智能军事化领域的投机行为和单边冲动（一旦各国执意就此开展人工智能军备竞赛则可能引发国际冲突）。同时，如上提到的人工智能治理尤其是政府政策也会产生明显的外部性，对其他国家造成影响。因此，高度制度化和组织化的约束性立法、争端解决机制、执法权威等的建立，将可能有助于推进全球人工智能治理。

显然，全球人工智能治理的一般路径至少需考虑新的立法和规则建构，继续推进人工智能研究与开发，应对国家安全风险，并尽可能确保社会公众对人工智能的接受度，通过国际对话、协调与合作来促进人工智能系统的良好应用和良性发展，从而增进人类福利。

国际合作有其"变"与"不变"。所谓"变"，是国家之间的关系随时间与条件变化而发生变化，包括对手关系、依附关系、盟友关系、伙伴（竞合）关系以及在经贸、科技、安全等领域的关系。所谓"不变"，则是国家间合作的基本要素不变，如商业贸易、人员往来、医疗健康、科技教育以及共同面对的问题与挑战等。

全球治理最终还是要回到国家治理的框架中。在国际社会中，国家仍然是最重要的行为体。多数与个人福利、安全保障相关的关键问题最终都要由国家来解决。各国应该就人工智能与国家责任、国家主权、自导航行器、知识产权、监控及武装冲突等相关内容形成一系列国际公约。这种多国合智强调的正是——各国间的协调不仅要建立在具有固定规则和约束性承诺的国际公约基础上，更要提供一些灵活的软治理框架，如自愿基础上的非对抗性、非惩罚性的合规机制。

比如，东盟的地区治理方式就以其包容性、非正式性、实用主义、便利性、建立共识和非对抗性谈判而闻名，与"西方多边谈判中的敌对姿态和合法决策程序"形成鲜明对比。关于气候变化的《巴黎协定》也是如此，它们代表了一种新的全球治理形式。因此，未来关于人工智能领域的多国合作可以更多地以软治理的形式展开。

因此，各国应促进人工智能研发的透明度，在通用人工智能的开发上形成共识，总结出哪些类型的通用人工智能是可以开发的，哪些是不可以开发的。要对通用人工智能的类型及整体发展后果进行充分评估，特别是应该对更高等级的通用人工智能即超（高）级人工智能的开发保持足够的警惕。也就是说，要将可解释的、安全的人工智能作为未来的发展方向。

后记

坚持共同安全，
促进共同发展

自古以来，中华民族就是一个爱好和平与共同发展的民族。

中华民族倡导"以和为贵""协和万邦""天人合一""和合共生"
"天下大同"，主张"各美其美，美人之美，美美与共，天下大同"，
认识到"大河有水小河满，小河有水大河满"。在长达五千多年的中
华文化中，在薪火相传的民族文化特质中，中华民族展现了对和平的
坚定主张与追求。

其中，"和"是中国文化中"一以贯之"之道，是中国人文精神
的生命之道。"和"思想包含着中国人对于自然、世界、人类等和谐
共生的思考，中国的"和"文化，既是相处之道，也是合作之基。

在人工智能安全上，普遍安全是最大的安全，共同安全是最好的
安全。没有安全稳定，就没有和平发展，没有持续安全，就没有持续
发展。

一方面，针对人工智能技术发展可能导致的国际公共安全、社会
贫富差距过大等问题，国际社会应加强对人工智能技术发展风险的监
控，倡导建立人工智能开发过程中应遵循的技术管理框架和伦理规
范，并与国际社会一道合作管控开发风险，严格控制人工智能的开发、
应用领域，建立国际公约。

另一方面，确保人工智能的发展"以人为中心"，而非牺牲人类
的利益，尤其是在本国发展人工智能的过程中，更应关注人工智能的
道德伦理问题，开发有益的人工智能，正确利用人工智能，反对恶意
利用。

在新时代参与人工智能治理，既要努力抢占高新技术研发的制高
点，又要注重渐进发展和长期投入，构建人工智能时代的新型国际关

系，建设人工智能领域的人类命运共同体，以妥善应对人工智能时代
全球治理的旧难题与新挑战。

　　人工智能的未来难以预测，但可以看到，世界的竞争格局将因人
工智能而改变。而在巨变的时代里，只有通过创新发展以人工智能为
代表的新一轮战略前沿技术，成为新竞赛规则的重要制定者、新竞赛
领域的重要主导者、新竞赛范式的重要引领者，才能制胜未来而不是
尾随未来。

参考文献

[1] 清华大学知识智能联合研究中心.2019人工智能发展报告[R].北京：清华大学—中国工程院知识智能联合研究中心，2020.

[2] 艾瑞咨询研究院.2019年中国人工智能产业研究报告[R].上海：艾瑞咨询研究院，2019.

[3] 中国金融四十人论坛课题组.2019年中国智能金融发展报告[R].青岛：第三届金家岭财富管理论坛，2019.

[4] 陈桂芬，李静，陈航，等.大数据时代人工智能技术在农业领域的研究进展[J].中国农业文摘-农业工程，2019,31(01):12-16.

[5] 腾讯研究院.2020腾讯人工智能白皮书[R].深圳：腾讯研究院，2020.

[6] 德勤中国.全球人工智能发展白皮书[R].广州：德勤科技，2019.

[7] 谭莹，张伊聪，王丽萌，等.人工智能行业应用价值报告[R].北京：鲸准研究院，2018.

[8] 杜玉.人工智能商业化研究报告（2019）[R].杭州：36氪研究院，2019.

[9] 中国信息通信研究院政策与经济研究所.2020人工智能治理白皮书[R].北京：中国信通院，中国人工智能产业发展联盟，2020.

[10] 上海交通大学人工智能研究院.人工智能医疗白皮书[R].上海：上海交通大学人工智能研究院，上海市卫生和健康发展研究中心，上海交通大学医学院，2019.

[11] 中国信通院.全球人工智能战略与政策观察（2020）[R].北京：人工智能与经济社会研究中心年会（2020）暨促进人工智能与产业深度融合发展论坛，2020.

[12] 阿里云研究中心，埃森哲.人工智能红利渗透与爆发[R].杭州：阿里云研究中心，2020.